U0176726

中通服咨询设计研究院有限公司　组编

基于BIM技术的装配式建筑一体化集成应用

RESEARCH ON INTEGRATED APPLICATION OF PREFABRICATED BUILDING BASED ON BIM

吴大江　著

东南大学出版社
南京

图书在版编目(CIP)数据

基于BIM技术的装配式建筑一体化集成应用/吴大江著;中通服咨询设计研究院有限公司组编. --南京:东南大学出版社,2020.12（2022.12重印）
ISBN 978-7-5641-9298-3

Ⅰ.①基… Ⅱ.①吴… ②中… Ⅲ.①装配式构件-建筑工程-计算机辅助设计-应用软件 Ⅳ.①TU3-39

中国版本图书馆CIP数据核字(2020)第261930号

基于BIM技术的装配式建筑一体化集成应用

Jiyu BIM Jishu De Zhuangpei Shi Jianzhu Yitihua Jicheng Yingyong

著　　者：吴大江　　　组编：中通服咨询设计研究院有限公司
责任编辑：戴　丽　贺玮玮　　　邮箱：974181109@qq.com

出版发行：东南大学出版社　　　社址：南京市四牌楼2号（210096）
网　　址：http://www.seupress.com
出 版 人：江建中

印　　刷：江苏凤凰数码印务有限公司　　　排版：南京布克文化发展有限公司
开　　本：787mm×1092mm　1/16　　　印张：8.5　字数：180千字
版 印 次：2020年12月第1版　2022年12月第2次印刷
书　　号：ISBN 978-7-5641-9298-3　　　定价：59.00元

经　　销：全国各地新华书店　　　发行热线：025-83790519　83791830

序

“工业 4.0”时代的到来，“中国制造 2025”的启动，加快了建筑产业发展的进程。随着建筑业追随“工业 4.0”的步伐加快，建筑产业正从传统手工操作方式向智能化工业生产转变，由分散式技术运用向集成式技术运用转变。BIM 技术在装配式建筑全生命周期中的应用将促进建筑领域生产方式的变革，进一步推动建筑产业现代化。

吴大江同志多年来带领团队潜心钻研 BIM 技术、装配式建筑技术，负责完成了多项 BIM 工程实践、装配式建筑工程实践，参编了多项 BIM、装配式建筑等方向的国家级、省级标准及课题，取得了丰硕的成果。

我和吴大江博士后经常讨论 BIM 技术和装配式建筑的相关问题，从科研、技术到工程实践、人才培养等等，见证了他和他的团队一路走来的艰辛与努力。我为他取得今天的成果而高兴。

本书只是记录了一个开始，希望吴大江博士后带领团队在未来做得更好，培养更多的建筑产业现代化人才，推进 BIM 技术在装配式建筑中的一体化集成应用，为实现建筑工业化与信息化的深度融合，促进建筑产业现代化的健康发展做出更多贡献。本书作为作者该领域系列丛书的第一本，将开启建筑信息模型技术应用研究的新篇章。

2021 年 1 月 15 日

前　言

BIM 技术作为建筑产业现代化的重要支柱，极大地促进了建筑行业的信息化变革。推进 BIM 技术在装配式建筑领域的深化应用，将有效推动建筑产业现代化的进程。

目前装配式建筑一体化集成设计方法研究滞后，本书通过深入分析 BIM 技术的应用特点以及装配式建筑的特殊工艺技术要求，归纳总结基于 BIM 技术的装配式建筑一体化集成设计方法，包括设计原则、设计内容和设计要求,为 BIM 技术在装配式建筑中的应用提供理论依据。在此基础上，开展 BIM 技术在设计阶段、生产阶段、施工阶段、运维阶段的一体化集成应用研究。

目前装配式建筑基于 BIM 技术的全生命周期信息集成、数据共享、协同管理研究不足，BIM 技术的应用还比较碎片化，缺乏管理平台支撑。借助于一体化集成设计方法，本书开展基于 BIM 技术的设计协同管理平台、生产协同管理平台、施工协同管理平台、运维协同管理平台的应用研究，通过一体化集成设计方法串联起整个装配式建筑建设流程，推进 BIM 技术在装配式建筑设计、生产、施工、运维全过程的一体化集成应用。

基于 BIM 技术的一体化集成设计方法及协同管理平台在装配式建筑全生命周期的应用，提高了工程建设质量，提升了项目管理效率，确保了工程建设目标的顺利实现。由此实现建筑工业化与信息化的深度融合，促进建筑产业现代化的健康发展。

目 录

第1章　绪　论

1.1　研究背景和意义

装配式建筑是指用预制构件在施工现场装配而成的建筑，主要包括装配式混凝土结构建筑、钢结构建筑、现代木结构建筑等。装配式建筑采用标准化和模块化设计、自动化生产加工、装配化现场施工、信息化建设管理。通过采用干式工法，替代传统建造方式中的大量现场湿作业。工程现场作业转移到工厂进行，这是建筑产业生产方式的重大转变[1]。

我国建筑工业化始于20世纪50年代，从借鉴苏联的建造技术起步，初步奠定了建筑工业化的技术基础。在20世纪80年代，我国开始探索以建筑设计标准化、构件生产工厂化、施工建造机械化为重点的建筑工业化发展方向，推广大板建筑，但受限于当时施工建造技术、生产制造工艺、建设管理水平等方面的制约，当时的建筑工业化应用水平不高，建设效益不明显，还带来部分安全隐患。20世纪90年代以后，社会需求的变化带来对住宅品质与质量要求的提升。为了更好地推动我国住宅产业的发展，提升建筑业发展水平，我国提出了以建筑工业化推动建筑产业现代化的总体思路，1995年建设部印发了《建筑工业化发展纲要》，次年出台了《住宅产业现代化试点工作大纲》《关于推进住宅产业现代化提高住宅质量的若干意见》。我国建筑工业化由此进入持续、健康发展的新时期。

《中共中央 国务院关于进一步加强城市规划建设管理工作的若干意见》（2016年2月6日）明确提出要提升城市建筑水平，就要发展新型建造方式，大力推广装配式建筑。通过制定装配式建筑设计、施工和验收规范，进一步完善部品部件生产制造标准，积极开展装配化施工，减少工程建设带来的环境污染，提升建造效率和工程质量。

国务院办公厅《关于大力发展装配式建筑的指导意见》（国办发〔2016〕71号）明确按照适用、经济、安全、绿色、美观的要求，推动建造方式创新，大力发展装配式混凝土建筑和钢结构建筑，坚持标准化设计、工厂化生产、装配化施工、一体化装修、信息化管理、智能化应用，提高技术水平和工程质量，促进建筑产业转型升级[1]。

国务院办公厅《关于促进建筑业持续健康发展的意见》（国办发〔2017〕19号）明确提出推进建筑产业现代化，要求推广智能建筑和装配式建筑，不断提高装配式建筑在新建建筑中的比例，力争用 10 年左右的时间，使装配式建筑占新建建筑面积的比例达到 30%。同时，也提出加快推进建筑信息模型（BIM）技术在规划、勘察、设计、施工和运营维护全过程的集成应用，实现工程建设项目全生命周期数据共享和信息化管理。

住房和城乡建设部制定的《“十三五”装配式建筑行动方案》中明确提出，到 2020 年，全国装配式建筑占新建建筑的比例达到 15% 以上，其中重点推进地区达到 20% 以上，积极推进地区达到 15% 以上，鼓励推进地区达到 10% 以上。全面提升装配式建筑质量、效益和品质。据不完全统计，2012 年以前全国装配式建筑累计开工 3 000 多万平方米，2018 年已达到了约 2.0 亿平方米。

发展装配式建筑是建造方式的重大变革，有利于节约资源能源、减少施工污染、提升劳动生产效率和质量安全水平，有利于促进建筑业与信息化、工业化深度融合。目前以传统现场浇筑的建造方式占比较大，装配式建筑所占比例仍较低，装配式建筑技术水平仍有很大提升空间。

BIM 是在计算机辅助设计等技术基础上发展起来的多维模型信息集成技术，是对建筑工程物理特征和功能特性信息的数字化承载和可视化表达。它将物理信息和功能信息集中在一个参数化的信息模型中，为各参与方提供一个协同工作的技术平台，通过该平台可以进行项目信息的管理，实现各参与方、各建设阶段信息共享。

BIM 技术在我国的应用起步较晚，我国工程建设行业从 2003 年开始引进 BIM 技术，目前的应用以设计行业为主，正在逐步推广和深入建筑行业各个领域。随着 BIM 技术在我国逐渐被认可，已经在国内一些大型工程项目中得到积极应用，如上海中心、北京奥运会水立方、上海世博会中国国家馆等。

住房和城乡建设部制定的《关于推进建筑信息模型应用的指导意见》中要求在建筑领域普及和深化 BIM 应用，提高工程项目全生命周期各参与方的工作质量和效率。到 2020 年末，建筑行业甲级勘察、设计单位以及特级、一级房屋建筑工程施工企业应掌握并实现 BIM 与企业管理系统和其他信息技术的一体化集成应用。到 2020 年末，以国有资金投资为主的大中型建筑、申报绿色建筑的公共建筑和绿色生态示范小区，在新立项项目勘察设计、施工、运营维护过程中，集成应用 BIM 技术的项目比例达到 90%。

2016 年 8 月，住房和城乡建设部发布《2016—2020 年建筑业信息化发展纲要》，提出“十三五”时期，全面提高建筑业信息化水平，着力增强 BIM、大数据、智能化、移动通信、云计算、物联网等信息技术集成应用能力，建筑业数字化、网络化、智能化取得突破性进展，增强建筑业信息化发展能力，加快推动信息技术与建筑业发展深度融合。

BIM 技术能够应用于工程项目规划、勘察、设计、施工、运营维护等各阶段，实现建筑全生命周期各参与方在同一多维建筑信息模型基础上的数据共享，为产业链贯通、工业化建造提供技术保障；支持对工程环境、能耗、经济、质量、安全等方面的分析、检查和模拟，为项目全过程的方案优化和科学决策提供依据；支持专业协同、虚拟建造和精细化管理，为建筑业的提质增效、节能环保创造条件。

《“十三五”装配式建筑行动方案》也进一步明确了在装配式建筑领域进行 BIM 技术应用的要求。要建立适合 BIM 技术应用的装配式建筑工程管理模式，推进 BIM 技术在装配式建筑规划、勘察、设计、生产、施工、装修、运行维护全过程的集成应用，实现工程建设项目全生命周期数据共享和信息化管理。

装配式建筑通过预制部品部件在工地现场装配建造，而预制部品部件本身具有精细化设计、工厂化生产、多专业信息集成的特点，更适合发挥 BIM 技术多专业协同、精细化设计的优势。BIM 技术在装配式建筑中的应用除了提高设计质量，减少碰撞及差错率，提高构件生产管理的质量与效率，提高现场施工的质量与效率之外，更是完善了预制部品构件的设计、生产、施工全生命周期的质量追溯机制，使装配式建筑项目初步达到了质量、进度、成本的三个可控。

“工业 4.0”时代的到来，“中国制造 2025”的启动，加快了建筑产业发展的进程。随着建筑业追随“工业 4.0”的步伐加快，建筑产业正从传统建筑手工操作方式向建筑智能化工业生产转变，由分散式技术运用向集成式技术运用转变。信息化是建筑产业现代化的主要特征之一，BIM 技术是实现建筑业信息化的主要途径，BIM 技术在装配式建筑全生命周期中的应用将促进建筑领域生产方式的变革，进一步推动建筑产业的现代化进程。

1.2 国内外研究现状

1.2.1 装配式建筑研究现状

（1）国内研究现状

全国已实施建设了包括装配式混凝土结构、钢结构和木结构的众多试点示范项目，随着各地装配式建筑项目逐步推广，装配式混凝土结构体系、钢结构体系等都得到更广泛的应用，部分单项技术和产品的研发已经达到国际先进水平，这些技术的应用大幅提高了装配式建筑的性能和品质。

2016 年国务院发布《关于大力发展装配式建筑的指导意见》（国办发〔2016〕71 号）标志着我国装配式建筑进入全面发展期。当前各级政府积极推进装配式建筑工作，已经出台了一系列的经济技术管理政策和标准规范，制定了明确的发展规划和目标。为配合装配式建筑的全面发展，国家于 2014 年、2015 年陆续出台了《装配式混凝土结构技术规程》(JGJ1—2014)、《装配整体式混凝土结构技术导则》等。2017 年出台了《装配式混凝土建筑技术标准》(GB/T 51231-2016)、《装配式木结构建筑技术标准》(GB/T 51233—2016)、《装配式钢结构建筑技术标准》(GB/T 51232—2016)。2017 年《装配式建筑评价标准》也已经发布。这些技术标准的出台，标志着我国已基本建立了装配式建筑标准规范体系，为装配式建筑发展提供了坚实的技术保障。

《关于大力发展装配式建筑的指导意见》(国办发〔2016〕71 号)中对于创新装配式建筑设计提出具体要求：统筹建筑结构、机电设备、部品部件、装配施工、装饰装修，推行装配式建筑一体化集成设计。推广通用化、模数化、标准化设计方式，积极应用建筑信息模型技术，提高建筑领域各专业协同设计能力，加强对装配式建筑建设全过程的指导和服务[1]。

住房和城乡建设部出台的《“十三五”装配式建筑行动方案》要求全面提升装配式建筑设计水平。推行装配式建筑一体化集成设计，强化装配式建筑设计对部品部件生产加工、施工安装、装饰装修等环节的统筹。推进装配式建筑标准化设计，提高标准化部品部件的应用比例。提升设计人员装配式建筑设计理论水平和全产业链统筹把握能力，发挥设计人员主导作用，为装配式建筑提供全过程指导。推行装配式建筑全装修与主体结构、机电设备一体化设计和协同施工。同时，装配式建筑要与绿色建筑、超低能耗建筑等相结合，推动太阳能光热光伏、地源热泵、空气源热泵等可再生能源与装配式建筑一体化应用。

中国香港地区有较为完善的装配式建筑设计和施工规范，对叠合楼板、预制楼梯和预制外墙应用比例较高，技术体系相对成熟。中国台湾地区针对地质环境特点，更为关注装配式结构的节点连接构造和抗震、隔震技术，预制梁柱、预制外墙挂板等应用较多，装配化施工较为普及。

(2)国外研究现状

世界各国对装配式建筑的发展方向各有侧重，发展状况也各不相同。装配式混凝土结构缘起西欧，早期多采用适用面较低的专用装配式技术体系，后期加大推行各种通用性预制建筑装配体系和通用化预制产品构件系列，编制了一系列预制混凝土工程标准和应用手册，实现专业化施工、社会化大生产。

美国在 20 世纪 70 年代能源危机期间开始实施预制部件装配化施工和机械化生产。城市住宅基本以装配式混凝土结构和装配式钢结构为主。美国重视研究住宅的标准化、系列化，实现菜单式预制装配组合，除工厂生产的活动房屋和成套供应的木框架结构的预制构配件外，其他混凝土构件、轻质板材、室内外装修材料以及设备等产品也十分丰富[2]。

美国装配式建筑应用非常普遍，标准规范体系健全。装配式建筑主要采用预制外墙和结构预制构件两大系列，预制构件大型化并和预应力相结合，优化结构配筋和连接构造，减少制作和安装工作量，缩短施工工期，技术体系及产品成熟适用。

日本的住宅工业化发展历程较长，研发了单元式住宅、模块化住宅、壁板式住宅等工业化产品体系，相关部品部件的系列化、通用化程度也非常高，装配式住宅占比很高。日本每五年都会颁布住宅建设五年计划，通过立法来确保预制混凝土结构的质量，并制定了一系列住宅建设工业化的方针、政策，建立统一的模数标准，积极协调标准化设计、大批量生产和个性化产品的关系。日本政府颁布的《工业化住宅性能认定规程》和《工业化住宅性能认定技术基准》两项规范，对整个日本住宅工业化水平的提高具有决定性的作用。

1.2.2　BIM 技术研究现状

（1）国内研究现状

近年来，住建部公布的国家标准、各省市编制的地方标准、各行业编制的行业标准及各企业编制的企业标准初步构成中国的 BIM 标准序列。

2007 年中国建筑标准设计研究院通过简化 IFC 标准提出“建筑对象数字化定义”标准，该标准根据我国国情对 IFC 标准改编而来，规定了建筑对象数字化定义的一般要求。2008 年，中国建筑科学研究院和中国标准化研究院等机构起草了《工业基础类平台规范》（GB/T 25507—2010）。2010 年国家住宅工程中心、清华大学等单位提出了中国建筑信息模型标准框架（China Building Information Model Standards，简称 CBIMS)，从资源标准、行为标准和交付标准三方面规范建筑设计、施工、运营三个阶段的信息传递。

2011 年 5 月，住建部发布的《2011—2015 年建筑业信息化发展纲要》拉开了 BIM 在中国应用的序幕。

2012 年 1 月，住建部《关于印发 2012 年工程建设标准规范制定修订计划的通知》，标志中国的 BIM 标准制定工作正式启动，其中包含《建筑工程信息模型应用标准》《建筑工程信息模型存储标准》《建筑工程设计信息模型交付标准》《建筑工程信息模型分类和编码标准》《制造业工程设计信息模型应用标准》5 项 BIM 相关标准。

2013 年 8 月，住建部发布了《关于征求关于推荐 BIM 技术在建筑领域应用的指导意见（征求意见稿）意见的函》，明确指出，2016 年以前政府投资的 2 万㎡以上大型公共建筑以及申报绿色建筑的项目，其设计、施工采用 BIM 技术。截至 2020 年，完善 BIM 技术应用标准、实施指南，形成 BIM 技术应用标准和政策体系 [3]。

2014 年 7 月，住建部发布的《关于推进建筑业发展和改革的若干意见》中，再次强调了 BIM 技术在工程设计、施工和运行维护等全过程应用的重要性。

2015 年 6 月，住建部发布的《关于推进建筑信息模型应用的指导意见》中，明确发展目标：到 2020 年末，建筑行业甲级勘察、设计单位以及特级、一级房屋建筑工程施工企业应掌握并实现 BIM 与企业管理系统和其他信息技术的一体化集成应用。

2016 年 8 月，住建部发布《2016—2020 年建筑业信息化发展纲要》，重点要求加强信息技术在装配式建筑中的应用，推进基于 BIM 技术的建筑工程设计、生产、运输、装配以及全生命周期管理，促进工业化建造。建立基于 BIM、物联网等技术的云服务平台，实现产业链各参与方之间在各阶段、各环节的协同工作。要求推广基于 BIM 技术的协同设计，开展多专业间的数据共享和协同，优化设计流程，提高设计质量和效率。研究开发基于 BIM 技术的集成设计系统及协同工作系统，实现建筑、结构、机电等专业的信息集成与共享。

2016 年 12 月，住建部发布《建筑信息模型应用统一标准》（GB/T 51212—2016）[114]。该标准是我国第一部建筑信息模型应用的工程建设标准，提出了 BIM 模型应用的基本要求和基础标准，可作为建筑信息模型全生命周期应用及相关标准规范编制的基础依据。该标准的实施为建筑业信息化能力的提升奠定了基础。

总体来说，当前我国对于 BIM 技术的研究和应用还处于起步阶段，虽然发展速度相对较快，但是在实际工程中的应用主要偏重于某一阶段，并没有形成系统的方法，随着大型项目的复杂程度逐渐增加，建筑行业对于信息化的要求越来越高，更多建筑工程开始使用 BIM 技术。

（2）国外研究现状

BIM 技术应用研究最先起源于美国，并逐步在欧美等发达国家建筑领域得到普及。目前美国走在 BIM 研究的最前沿，有较为成熟的 BIM 应用技术，出台了各种 BIM 技术标准，并已在大量工程项目中广泛使用。

在 2007 年，美国发布了 BIM 应用标准第一版 NBIMS (National Building Information Model Standard)Ver.1。该标准是美国 BIM 技术领域第一个完整的具有指导性和规范性的标准，它规定了基于 IFC 数据格式的建筑信息模型在不同行业之间信息交互的要求，其目的是通过开放和互通的信息交换来改造建筑供应链。

根据麦格罗希尔公司的调研，2016 年美国装配式建筑行业采用 BIM 技术体系的比例从 2007 年的 36%、2009 年的 54%、2012 年的 79% 连续增长至 2016 年的 92%，其中 95% 的装配式建筑工程承包商已经实施 BIM 技术体系。

英国建筑业 BIM 标准委员会发布了适用于 Revit、Bentley 软件的英国建筑业 BIM 标准，还在制定适用于 ArchiCAD、Vectorworks 软件的 BIM 标准，这些标准的制定为英国建筑企业从 CAD 过渡到 BIM 提供了切实可行的方案和路径。

北欧一些国家是建筑信息模型发展的起源，如挪威、丹麦、瑞典和芬兰等国家是全世界最早在建筑设计中应用建筑信息模型概念进行工程设计的国家。研发了如 Tekla 和 Solibri 等 BIM 设计应用软件。这对建筑信息模型技术的互用性和开放性标准的发展起到了推动作用。英国、芬兰、挪威等国在 2009 年前后先后发布了本国的 BIM 标准，这些标准包括建筑、机电、结构、可视化等功能应用模块。

日本的设计公司和施工企业从 2009 年开始广泛应用 BIM 技术。日本政府投资的工程作为 BIM 技术应用试点，重点研究 BIM 技术在可视化设计、信息传递与共享方面的应用价值以及实现过程。日本建筑学会于 2012 年颁布了日本 BIM 技术应用指南，从 BIM 技术管理、BIM 团队建设、BIM 数据全生命周期流转、BIM 设计管理、BIM 施工管理等多方面为工程建设各阶段的参与方提供技术指导。目前，日本 BIM 技术应用已实现由政府主导推广，逐步发展到在国内普遍应用，应用 BIM 技术的施工企业占比超过 50%。在新加坡，建筑工业化发展迅猛，工程建设已经步入全预制阶段，并且很早认识到建筑信息模型技术在工程建设中的应用价值。新加坡建筑管理署 (BCA) 在 2011 年对 BIM 技术的应用与发展线路做了详细的规划，明确提出建筑业要在 2015 年前广泛应用 BIM 技术和装配式建筑技术。BCA 强制要求 2013 年起提交建筑 BIM 模型、2014 年起提交结构与机电 BIM 模型，并且在 2015 年前实现所有建筑面积大于 5000 ㎡的项目都必须提交 BIM 模型。目前，韩国、日本等亚太国家已基本完成 BIM 标准的研发和应用系统的开发。

1.2.3　BIM 技术在装配式建筑中的应用研究现状

（1）国内研究现状

装配式建筑的核心是采用标准化的预制构件或部品部件进行现场安装。因此，围绕预制构件的建筑产业化和建筑全生命周期管理，关键在于预制构件的信息在各阶段、各参与方之间的传递。然而，由于缺乏专业化管理平台和有效的信息传递标准，在装配式建筑推广过程中，因上下衔接不畅和各方认知上的偏差导致的生产与进度脱节和返工率高等问题，已成为影响其发展的阻碍。

BIM 技术的出现有效破除了预制构件在各参与方之间信息传递的障碍，为项目各参与方进行有效信息交换提供了技术基础。BIM 以三维信息模型作为集成平台，在技术层面上适合各专业的协同工作。BIM 模型还包含了建筑的材料信息、工艺设备信息、成本信息等，这些信息可以用来进行数据分析，从而使各专业的协同达到更高层次。

BIM 技术在装配式建筑中可实现更为精细化的设计。BIM 技术可以做好预制构件的拆分设计，通过对预制部品部件的类型进行优化，减少模具制作的类型和数量，避免拆分方案不合理导致后期技术经济问题。通过

BIM 模型对部品部件的信息化表达，不仅能清楚地传达传统 CAD 图纸的二维关系，而且对于复杂的空间剖面关系也可以清楚表达，BIM 模型能够更加紧密地实现与预制构件工厂的协同和对接。通过装配式建筑 BIM 构件族库的建立，完善 BIM 预制部品部件的种类、几何属性、非几何属性，逐步构建体系化、通用化的预制构件族库，满足工程建设的实际需求。

BIM 标准是发挥 BIM 技术优势的保障。目前，全国共有十几个地方性 BIM 标准政策出台，但这些标准对装配式建筑的适应性不强。需要针对装配式建筑的工艺技术特点，考虑预制构件深化设计、运输堆放、现场拼装等特殊工艺需求，进行装配式建筑的 BIM 信息范围、信息深度、信息交换流程、信息传递完整度的研究。

目前，我国 BIM 技术在装配式建筑中的应用主要体现在设计、生产、施工、运维等工程建设管理各阶段。设计阶段的 BIM 技术应用已逐步推广，包括碰撞检测分析、管线综合优化、空间净高分析、建筑性能模拟等多维度，其应用价值得到社会的认可。特别是借助 BIM 技术进行预制构件的深化设计，配合预制装配率等技术指标的统计分析。通过预制构件库的建立，有效提高了深化设计效率。在部品部件的生产加工阶段，通过 BIM 模型来指导部品部件的模具设计、生产加工及跟踪管理，有效提高了生产效率及产品质量。在装配式建筑施工阶段，通过 BIM 施工模型进行设计交底、施工工艺模拟、施工成本管控、施工进度管理等，对施工现场的各种建设要素进行合理配置与优化。提高了施工效率，缩短了建设周期。

通过近几年 BIM 技术在国内装配式建筑领域的应用，也发现一些突出问题亟待解决。首先，在设计阶段，由于方案阶段没有考虑装配式建筑的设计要求，在施工图阶段刻意强行拆分预制构件，并进行预制构件的深化设计。未采用 BIM 正向设计，构件拆分及深化设计缺乏 BIM 技术应用。导致预制构件种类繁多，出现大量非标准、不规整的复杂异型预制构件，增加了建造成本及施工装配难度，这是造成装配式建筑成本普遍偏高的重要因素。其次，由于缺乏 BIM 技术全生命周期应用，BIM 信息流转无法实现，设计阶段的模型无法有效地传递到生产、施工、运维阶段，各阶段重复建模导致信息缺失、信息不完整、信息不连贯，从而影响 BIM 应用价值的实现。总体来说，国内 BIM 技术在装配式建筑领域的应用目前多停留在设计及施工阶段，BIM 技术在运维阶段的应用案例相对较少，可以作为集成示范的案例则更少。一体化集成应用还处于发展初期。

（2）国外研究现状

国外建筑工业化发展水平较高，BIM 技术在装配式建筑领域的应用已逐步成熟。由于国外 BIM 技术应用起步早，到目前为止形成了一系列国家标准及企业标准来引导行业发展。通过建立统一的装配式建筑 BIM 建模标准、编码标准、应用标准及交付标准，解决了装配式建筑标准化的构件设计、批量化的工厂生产、精益化的工程管理和多样化的装配式建筑产品之间的矛盾。围绕预制装配式建筑的 BIM 设计流程、预制构件库、信息流转等方面建立了较为完善 BIM 应用标准框架，充分发挥 BIM 技术数据集成与信息协同的特长，提升了装配式建筑的信息化水平，较好地发挥了装配式建筑工业化集成建造的优势。

同时，业主、设计机构、预制构件生产企业以及施工企业自觉使用 BIM 技术进行装配式建筑项目的统筹管理。国外装配式建筑中 BIM 技术应用，已实现设计、生产、施工环节全产业链的贯通，满足 BIM 竣工交付与 BIM 运维数据共享。通过建立基于 BIM 技术、物联网技术、云计算技术的协同管理平台，确保各参与方在装配式建筑全生命周期的信息流转通畅及资源有效共享。基本实现装配式建筑设计、生产、施工到运维全过程、全方位的信息化集成应用，从而切实提高装配式建筑的工程质量、建造效率及建设效益，充分体现装配式建筑工业化、标准化的技术经济特征。

1.2.4 一体化集成技术研究现状

（1）国内研究现状

随着建筑工业化进程的推进，国内一些专家提出了集成建筑的理念，开始了建筑集成技术的研究。国内建筑领域集成技术的应用首先聚焦高性能住宅的建设。在国家倡导的绿色建筑、生态建筑、超低能耗建筑技术的推广应用方面，将传统建造工艺与节材、节地、节水、节能及可再生能源综合利用等技术在不同地域及气候环境下做了集成应用研究。目前，随着装配式建筑的发展，在装配式建筑、结构、机电、装修等专业领域，集成技术越来越被推广应用。从项目建设全生命周期来看，设计、生产、施工到运行维护各阶段，一体化集成技术应用范围不断扩大，应用水平不断提高。

（2）国外研究现状

“集成”最先起源于自动化领域,具有综合化、整体化、一体化等特点。集成设计是指将两个或两个以上的事物整体设计在一起，这些事物有可能有联系，也有可能没有内在联系，集成设计的思想是让其有机地融合在一起，集成设计之后的“成品”就是一个融合了各事物特点的有机整体[17]。

20 世纪 80 年代，随着传统工程建设模式的弊端逐步显现，在工程建设领域开始对集成化建设方法的应用尝试。1986 年，德国学者在《集成化的规划》一文中对“集成化建设”做了定义：集成化建设是一种新的建设哲学，通过系统考虑工程建设各相关因素的集成应用，来实现对工程建设过程的优化，充分满足业主的需求。为实现工程集成化建设目标，需协调所有可支配的建设资源，集成化建设的应用基础是所有建设参与方的高效协作。

1999 年 Forgber 提出“集成化建设”的含义体现在横向集成与纵向集成两个方面。横向集成主要侧重于工程建设某个阶段内的集成，例如工程组织管理、各专业技术体系等不同系统之间的协调。所有项目参与方之间的高效协作是横向集成的核心。纵向集成的着眼点在于工程建设全过程的协调，其目标是实现既定建设目标，满足使用方或业主的需求，在提高工程建设质量的基础上，实现节能降耗，适用高效，有效降低工程建设及运营成本，实现价值增益。

2007 年 George Elvin 认为，“集成化建设”是一种基于系统理论的建设方法，各建设参与单位在工程建设全生命周期内高效协作，实现既定建设目标。与传统的建设模式相比，集成化建设模式具有建设过程的并行性、不同组织间的协同性及信息流动的连续性等特点。

2007 年美国建筑师学会将集成化建设模式阐释为：在项目建设周期内，通过集成的组织和运行机制措施保证项目更好地利用集体智慧来提高建设目标的实现水平、减少浪费和提高效率，实现项目价值的一种新型建设模式。

1.3 装配式建筑一体化集成设计

目前，装配式建筑的发展中依然存在不少问题，例如覆盖设计、生产、施工和使用维护全过程的标准规范体系不够健全，不同层级标准未形成合力；成熟适宜的技术体系不多，影响规模化推广；部品部件生产配套能力不足，装配式建筑体系有待完善；装配化施工水平不高，质量存在隐患；建筑全装修水平不高，集成化应用不足；等等。

装配式建筑的一体化集成设计，是指装配式建筑在设计阶段应进行整体策划，以集成建筑、结构、机电设备、室内装修各专项设计内容及环节，进而实现装配式建筑设计、部品部件生产、施工建造和运营维护一体化。

对于装配式建筑来说，一体化集成设计包含多方面的集成、多专业的配合。首先，是建设要素的集成。在设计过程中，通过整合各个专业的设计条件、设计要素来提高设计质量，充分考虑各项制约因素，既包括装配式建筑自身，也包括更大范围环境因素的影响，从而提高设计成果的严谨性和完整性。其次，是建设过程的集成。一体化集成设计覆盖装配式建筑的全生命周期，包括咨询、设计、生产、施工及运维各个阶段。各阶段的信息有效传递、系统整合，确保工程建设质量和效益。最后，一体化集成设计还包括实现该目标的承载对象的集成，既包括设计师，也包括对应的软件及硬件条件。设计师首先必须掌握一体化集成设计方法，实现装配式建筑功能和形式的统一，成本和效益的统一。设计方法的实践需要软件和硬件条件进行技术支撑，需要借助于信息化管理手段来实现承载对象的集成，实现信息的共享和管理。BIM 技术在装配式建筑中的应用，成为实现一体化集成设计的最佳路径。可有效实现建设要素的集成、建设过程的集成、承载对象的集成。

一体化集成设计是工厂化生产和装配化施工的前提。装配式建筑的一体化集成设计包括土建一体化、机电一体化、装修一体化等各专业系统的整合设计，通过一体化集成设计，可避免出现各自独立设计带来的机电安装和室内装修的拆改反复等普遍性问题，提高装配化施工效率及质量。同时，一体化集成设计可有效提升预制构件的标准化和通用性，适合工厂化生产、批量化制造，提升预制构件产品质量，减少材料浪费，降低生产成本。

一体化集成设计的关键是做好各专业、各环节的协同工作，要明确协同的路径和要求。装配式建筑是一个复杂的系统工程，需要各专业的密切协同，既要做好本专业的技术深化，又要确保各专业的技术衔接配合。既要保证设计阶段的成果交付，又要保证生产、施工阶段的有效指导，更要保证项目交付后的可持续运营。一体化集成设计既体现了技术协同的要求，又反映项目管理协同的潜在诉求，二者缺一不可，都离不开建设信息的互联互通。协同有多种方法，当前比较有效的信息化手段是通过基于 BIM 技术的协同工作软件提高协同效率和质量。从项目前期策划阶段开始，贯穿设计、生产、施工、运营维护各阶段，保证建筑信息在建设全过程的有效流转和传递[7]。

从装配式建筑全生命周期的角度看，尤为突出的问题是基于 BIM 技术的装配式建筑一体化集成设计方法研究与应用不足，包括装配式建筑对建筑、结构、机电、装修各专业领域的一体化集成设计欠缺；装配式建筑对设计、生产、施工、运维等环节的统筹有待提升，导致未能充分发挥装配式建筑综合技术优势。具体体现在以下几点：一、土建、机电、装修一体化集成设计能力严重不足。由于缺少针对性设计方法的指导，缺少对装配式建筑技术特点的了解，为了满足预制装配率等控制性指标的要求，强制拆分设计，忽视不同类型项目的适宜性技术要求，忽视各专业的技术协同，装配式建筑技术方案往往达不到预期建设目标，反而增加了建设成本，降低了施工可操作性。二、设计标准化程度低，模块化设计应用少。忽视标准化户型，忽视模数统一，忽视部品部件的生产制造要求，人为增加了预制部品部件的规格和型号，增加了生产制造成本和施工难度，降低了生产效率。三、BIM 技术在装配式建筑设计领域的应用还很有限，二维设计仍是大部分设计机构的主要出图交付模式。BIM 正向设计还未推广，BIM 技术的应用场景还很有限。BIM 技术还未和装配式建筑的工艺技术特点有机结合，缺乏系统性、针对性和全过程的应用研究。

装配式建筑技术体系和集成技术的研发与应用还不够深入。对于装配式建筑来说，要求技术集成化。对于预制构件来说，其集成的技术越多，后续的施工环节越容易，这也是装配式建筑预制构件发展的重点方向。同时，装配式建筑各类技术体系间的通用性、协同性不够，系统集成度低。目前装配式建筑多注重装配式结构体系，忽视与建筑围护体系、机电设备体系、装饰装修体系的集成应用。装配式建筑设计对部品部件生产、安装施工、装饰装修等环节的统筹远远不够。

总体来说，装配式建筑具有系统性特征，而装配式建筑一体化集成设计方法发展滞后，导致装配式建筑、结构、机电、装修设计相互脱节，装配式建筑的设计、生产、施工、运维环节相互脱节。

1.4 基于 BIM 技术的协同管理平台

由于装配式建筑的信息化应用水平不高，基于 BIM 技术的全生命周期信息集成与共享、协同工作系统研究与应用不足，为装配式建筑的工程建设质量、效率以及精细化管理带来直接影响。

目前，BIM 技术在装配式建筑领域的推广应用还存在着政策法规和技术标准不完善、发展不平衡、本土应用软件不成熟、技术人才不足等问题。虽然 BIM 技术在解决装配式建筑深化设计、协同设计、提升设计质量等方面有突出价值和优势，但其应用场景还较为单一。基于 BIM 技术的专业协同和深化应用还很不够。目前设计、生产、施工、运维各阶段的 BIM 技术应用各自独立，缺乏有效衔接和沟通，BIM 信息无法有效传递。尽管国家鼓励装配式建筑和 BIM 技术深度融合，却没有相应的装配式建筑 BIM 技术标准指导，预制构件的 BIM 标准还未出台，没有统一的装配式建筑预制构件深化设计模型精度标准。国内部分设计企业及部品部件生产企业已经在做相关研究，但是还没有统一的应用标准。在预制构件设计、生产、施工全过程信息流程建设方面的关注也远远不够，缺少基于 BIM 技术的全生命周期项目协同管理。

同时，装配式建筑领域建筑、结构、机电、装修设计一体化设计还未充分实现，BIM 的专项应用多，集成应用少，特别是与项目管理系统结合的BIM集成化、协同化应用较少,BIM技术在装配式建筑规划、勘察、设计、生产、施工、装修、运行维护全过程的集成应用还比较碎片化，缺乏有效的协同管理平台支撑。要提高 BIM 技术应用水平，就需要将设计工作流程集成化，采用一体化集成设计方法，需要在此基础上深化研究适合 BIM 技术应用的协同管理平台。目前国内的 BIM 设计协同管理平台仍处于研发及应用初期，多数只停留在 BIM 数据信息的查阅、共享、交换层面。大部分 BIM 设计协同管理平台只注重交付成果的审核及共享。较少做到多专业、多用户在线实时操作运用。平台集成化程度较低，应用标准不健全，应用维度不广泛。另外，设计和施工企业使用的 BIM 软件很多，数据交换口径不统一，协同难度大，也缺乏数据库的有效支撑。同时，受本地图形工作站制约，设计效率、管理效率低下。BIM 技术不能发挥最大价值。

总体来说，装配式建筑的设计、生产、施工、运维技术体系信息化程度不够高，数据共享、协同管理应用不足。针对复杂巨系统，应用传统设计方法效率低、周期长、质量难以保证，不能充分体现出装配式建筑工业化集成建造的优势。完善的建筑信息模型能够连接工程项目全生命周期不同阶段的数据、过程和资源，为工程项目各参与方提供一个集成管理与协同工作的环境，但目前基于 BIM 技术的集成设计方法及协同管理平台仍需完善。基于 BIM 技术的设计协同管理平台、生产协同管理平台、施工协同管理平台、运维协同管理平台需加强研发与应用。装配式建筑领域 BIM 技术总体应用水平还有待进一步提高。

1.5　本书研究内容

1.5.1　基于 BIM 技术的装配式建筑一体化集成设计方法

尽管我国装配式建筑一体化集成设计方法的研究仍处于开始阶段，但国内诸多学者已经在相关领域开展专项课题研究。

张守峰在《设计施工一体化是装配式建筑发展的必然趋势》[8] 中结合郭公庄公租房项目的工程实践，介绍了项目建造过程中遇到的问题与对策，阐述了设计施工一体化是装配式建筑发展的必然趋势。

段凯元等人在《预制装配式混凝土住宅设计施工一体化研究》[9] 中对装配式住宅设计施工一体化展开研究。通过对结构设计与施工两方面的研究，优化已有的设计施工方法。

苏蕴山在《以设计一体化及 BIM 技术应用推动装配式建筑发展》[10] 中提出推行装配式建筑不仅是一种建造方式的改革，而且旨在提供健康、绿色、为人服务的高品质住宅产品。一体化建设机制和 BIM 技术应用是实现这一目标的先决条件。其中，一体化设计是必须遵循的技术路径，BIM 技术应用是必不可少的技术手段。

赵霞在《建筑工业 4.0 视角下基于 BIM 的建筑集成设计方法研究》[87] 中指出，集成设计包括设计制约因素的更替及整合，站在建筑设计视角对建筑设计流程中的各类要素进行集成，实现设计目标，提高设计成效。

1.5.2　基于 BIM 技术的装配式建筑协同管理平台

目前一体化设计、集成设计理念开始逐步应用，虽然集成设计方法相比传统设计方法有较大的优势，但集成设计也存在应用上的难度。一方面，受设计师专业领域的划分限制，带来专业集成协同上的困难。另一方面，受设计工具的限制，缺乏能有效协同各相关专业、各设计阶段及建设全过程的共享平台。因此，需要以 BIM 技术为基础来构建协同管理平台，打破集成设计在实际运用过程中的瓶颈。对于一体化集成设计方法来说，也需要一个平台来实现各设计阶段的信息传递和共享，实现设计成果的综合检验及应用。

随着 BIM 技术在建筑设计中的应用不断深入，为集成设计提供了技术支撑。BIM 技术是目前最有效实现和稳定支持一体化集成设计方法及其应用流程的平台，可以有效集成各个方面的制约要素来进行装配式建筑设计。一方面，BIM 模型可被各个专业共同使用，能够完整描述装配式建筑各专业系统的信息。BIM 技术提供了全专业可视化建筑模型，帮助各专业改进和优化设计，实现各专业系统的集成与融合。另一方面，基于 BIM 技术的协同管理平台，为装配式建筑各建造参与方提供了高效协同的统一工作平台，可以借助 BIM 协同管理平台去实现装配式建筑一体化集成设计方法的应用研究。

一体化集成设计方法作为装配式建筑设计建造的指导方法，贯穿于装配式建筑建设的全过程。BIM 技术作为一体化集成设计方法的载体，通过信息化手段实现对装配式建筑设计、生产、施工、运维阶段全生命周期的整合，实现对装配式建筑所有建造元素的集成，最终实现装配式建筑一体化集成应用及全产业链的贯通。

随着 BIM 技术与云计算技术进一步结合，在此基础上建立的协同管理平台能提供统一接口，实现信息及时准确的交换和共享。实现跨地区、跨专业及多客户端协同工作，保证工作连续性、安全性及高效性。能够有效地解决装配式建筑领域协同程度低下、资源浪费严重、生产效率不高、一体化集成应用薄弱等问题，充分满足装配式建筑一体化集成设计的要求。

目前，在装配式建筑领域基于 BIM 技术的设计、生产、施工、运维协同管理平台还处于研究初期，应用多为片段化。由于缺少有效的全过程协同管理平台应用，装配式建筑一体化集成设计信息化程度不够高，数据共享、协同设计应用不足。装配式建筑领域 BIM 技术全生命周期应用水平还有待提高，相关研究还有待深化。BIM 设计协同管理平台在国内大型设计企业才开始研发与应用，还未成为主流业务系统。通过统一的平台，使设计团队成员之间可以跨部门、跨地域进行 BIM 成果交流、共享，开展方案评审、讨论等协同工作。但基于网络的设计沟通交流方式，以及设计流程的组织管理形式还有很多不足。虽然协同设计的层次还比较低，但毕竟已经意识到协同设计的必要性和迫切性。而在很多中小型设计企业，基本还处于传统人工协同状态。

于龙飞、张家春在《基于 BIM 的装配式建筑集成建造系统》[11] 中介绍了基于 BIM 技术的装配式建筑集成建造系统，对系统的实施目标、理论基础、关键技术及总体框架做了阐述，分析了组成系统的构成及相关支撑体系。对基于 BIM 的装配式建筑集成建造系统的优势进行了分析，对该系统在建筑业的发展应用进行了展望。

王巧雯在《基于 BIM 技术的装配式建筑协同化设计研究》[12] 中从装配式建筑现状和 BIM 技术特点出发，研究 BIM 技术在装配式建筑全生命周期中的应用价值，探索并建立基于 BIM 技术的装配式建筑协同平台。通过应用 BIM 协同平台，在装配式建筑设计、生产、施工和运营阶段，各参与方进行进一步的有效协作，从而促进新型装配式建筑的发展。

段羽、刘喆在《装配式建筑建造全流程 BIM 协同应用研究》[13] 中分析了现阶段装配式建筑的发展趋势，深入探讨了 BIM 技术在装配式建筑中的应用价值，归纳了 BIM 技术协同各专业在装配式建筑建设中的应用流程。探讨分析装配式建筑在“设计—加工—装配”过程中的 BIM 协同应用问题及对策，为装配式建筑全过程开发提供理论依据。

曹新颖等人在《基于 BIM 的装配式建筑信息协同研究》[14] 中从信息协同的角度总结装配式建筑参与主体与信息流。在契合性分析的前提下，构建了基于 BIM 技术的装配式建筑全过程信息协同平台模型，并在各阶段实施中对此平台进行应用分析研究。

叶浩文等人在《装配式建筑一体化数字化建造的思考与应用》[15] 中指出装配式建筑具有显著的系统性特征，须采用一体化的建造方式。信息技术则是推行从构件生产到装饰装修一体化建造方式的重要手段和工具。阐述了数字化设计、数字化生产、数字化装配技术的构成。在此基础上，通过 BIM 与 ERP 系统相结合，建立一体化、数字化的装配式建筑信息交互平台，对装配式建筑全过程、全产业链的信息进行数字化集成，以达成全过程、全产业链的信息贯通、信息共享和协同管理，提高管理效率和效益，实现装配式建筑一体化、数字化建造。

基于 BIM 技术的协同管理平台是未来装配式建筑领域的发展方向，企业借助 BIM 协同管理平台的建设和应用，可以加快提升自身技术水平和管理能力。借助 BIM 协同管理平台技术优势，协同的范畴也将从单纯的设计阶段深入扩展到生产、施工、运维各阶段，覆盖装配式建筑全生命周期，这必将促进建筑行业的管理变革。

第 2 章　基于 BIM 技术的装配式建筑一体化集成设计方法

基于钱学森开放的复杂巨系统理论，结合装配式建筑的工艺技术特点，研究装配式建筑一体化集成设计方法。指导装配式建筑的设计建造，贯穿于装配式建筑建设全过程。

装配式建筑主要包括建筑、结构、机电、装修四个子系统。建筑系统包括预制内外围护系统、门窗系统、预制装饰构件系统等。结构系统包括预制梁、板、柱、墙等结构构件。机电系统包括强电、弱电、给排水、供暖、通风、空调、燃气等子系统。装修系统包括预制隔墙、吊顶、地面、厨卫等子系统。它们既单独自成体系，又共同构成一个复杂巨系统，每个系统都包含装配式技术及产品应用。通过协同工作，满足装配式建筑的基本功能要求。

要实现装配式建筑的建筑、结构、机电、装修等专业系统之间在不同阶段的协同、融合、集成。要把装配式建筑作为整体对象进行研究，只有通过一体化集成设计，通过集成各专业系统，优化系统组织结构和系统功能构成，才能实现整个装配式建筑的系统性装配和工业化建造，实现建造效率最大化、成本效益最大化，实现工程项目的整体最优目标。

2.1　装配式建筑一体化集成设计原则

（1）模块化设计原则

按照模数化、标准化的设计要求，在装配式建筑模数化设计的基础上，建立标准化设计模块、统一的技术接口和规则。由设计模块组合成标准化的功能模块，通过不同的功能模块有机组合，形成合理高效的建筑平面布局及竖向结构体系，在此基础上组合机电系统模块、装饰系统模块等，形成标准化的建筑模块单体。

（2）通用化设计原则

预制部品部件的深化设计注重通用化要求，构件拆分标准化，少规格、多组合，确保构件重复使用率高，适于工厂化生产，装配化施工，提高施工安装效率。在通用化设计的基础上，实现装配式建筑及部品部件的系列化和多样化。

（3）协同性设计原则

装配式建筑设计中注重三方面的协同。功能协同：建筑功能、装饰效果与结构体系、机电体系、装修体系等的协同。空间协同：建筑、结构、机电、装修等不同专业间的空间协同。接口协同：基于 BIM 技术的各专业模型接口标准化，确保信息有效传递与共享。

2.2　装配式建筑一体化集成设计内容

装配式建筑的一体化集成设计，是指在装配式建筑设计中，在满足建筑功能和性能要求的前提下，应采用结构系统集成技术、外围护系统集成技术、设备与管线系统集成技术、内装系统集成技术和接口与构造集成技术，实现装配式建筑的一体化集成建造。

（1）结构系统的集成设计

主体结构系统按照建筑材料的不同，可分为混凝土结构、钢结构、木结构建筑和各种组合结构。其中，混凝土结构的应用最为广泛、涉及的建筑类型最多。对装配式结构体系进行集成设计，注意按照少规格、多组合的原则，基于模数化、模块化的要求，合理拆分预制构件，尽可能减少或优化预制构件的种类和规格，注重预制构件的通用性和适用性，在此基础上进行一体化集成设计，充分满足装配式建筑预制构件生产加工、运输堆放、施工安装的工艺及技术性能要求。

（2）外围护系统集成设计

装配式建筑外围护系统由屋面系统、外墙系统、外门窗系统等组成。其中，外墙系统按照材料与构造的不同，可分为幕墙类、外墙挂板类、组合钢（木）骨架类等多种装配式外墙围护系统。对构成装配式建筑外围护体系的外墙板、幕墙、门窗、阳台板、空调板及遮阳板等构件进行集成设计，应注重外围护系统的特殊连接构造，注重提升防火、防水、防潮性能及满足气密性要求，提升建筑物整体性能指标。推荐采用预制结构墙板、保温、外饰面一体化外围护系统，满足保温、隔声、防水及外墙装饰的要求[11]。

（3）设备与管线系统集成设计

设备与管线系统包括给排水系统、暖通空调系统、强电系统、弱电系统、消防系统和其他设备子系统。给水排水、暖通空调、电气智能化、燃气等设备与管线应综合设计、集中布置，管线与点位预留、预埋到位。宜选用模块化产品、标准化接口，并预留扩展条件。提高设备与管线系统的集成化应用水平。

（4）内装系统集成设计

内装系统主要由集成楼地面系统、内隔墙系统、吊顶系统、厨房、卫生间、收纳系统、室内门窗系统和内装管线系统组成。装配式建筑室内装修设计与建筑设计、结构设计、机电设备管线设计同步进行，采用结构体（支撑体）与内装体（填充体）相分离、设备管线与结构相分离等系统集成技术。采用装配式楼地面、墙面、吊顶等部品部件，装配式住宅宜采用集成式厨房、集成式卫生间等集成部品系统。

（5）连接构造集成设计

装配式建筑连接构造集成设计包括预制结构构件之间、预制构件与现浇部位之间、内装部品部件和设备管线之间的连接方式及节点构造设计。部品部件的构造连接应安全可靠，接口及构造设计应满足建筑性能要求、施工安装要求及使用维护要求。

装配式建筑的建造关键在于干式工法。用传统的设计、施工和管理模式进行装配施工不是真正的装配式建筑工业化建造，只有将装配式建筑的结构体系、围护体系、机电体系、装饰体系有机整合与集成，才能真正体现干式工法的技术优势。也只有通过集成，才能实现工程质量、管理效率、建设效益的提升。对于装配式建筑来说，干式工法是一体化集成设计及技术实施的重要基础。

2.3 装配式建筑一体化集成设计要求

装配式建筑一体化集成设计中，对各专业的要求如下：

（1）建筑专业设计要求

装配式建筑应进行标准化设计，使功能模块、基本单元、建筑预制部品部件重复使用率高，满足工业化生产的要求。应采用模块化设计，建立标准户型模块、平面单元模块、垂直交通模块、辅助功能模块等，按照少规格、多组合的原则进行建筑方案设计。标准层组合平面宜选用大空间的平面布局方式，合理布置承重墙及管井位置。在满足基本功能要求的基础上，提升空间的灵活性、可变性。公共空间及住宅户内各功能空间分区明确、布局合理。门窗应采用标准化部件，门窗洞口宜上下对齐，平面位置及尺寸应满足结构体系要求及预制构件设计要求。应考虑集成卫生间、集成厨房的布置要求，竖向设备管线集中设置管井，并与主体结构分离。水平设备管线要做好预留预埋，并与预制结构构件做好集成。

（2）结构专业设计要求

结构设计应满足装配式建筑建造过程对安全性、经济性和适用性的要求，确定合理的结构装配方案，选择适宜的预制构件类型。设计中应注重结构体系的整体性和安全性，注重预制构件之间以及预制构件和现浇部位之间的连接构造节点处理，确保受力明确，构造可靠。以满足结构受力要求和建筑性能化要求。在装配式建筑的结构设计时，应根据连接节点和接缝的构造方式，建立合理的结构计算模型。

装配整体式混凝土结构应以湿式连接为主要技术基础，采用预制构件与相关部位的现浇混凝土以及节点区的后浇混凝土相结合的方式，竖向承重预制构件受力钢筋的连接应采用钢筋套筒灌浆连接技术，实现节点设计强接缝、弱构件的原则，使装配整体式混凝土结构具有与现浇混凝土结构等同的整体性、稳定性和延性。装配整体式混凝土结构体系的建筑最大适用高度、最大高宽比、抗震等级应符合《装配式混凝土结构技术规程》的相关规定。

装配整体式混凝土结构的平面布置和竖向布置应符合下列要求：主体结构平面布置宜简单、规则、对称，质量、刚度分布均匀。结构竖向布置应连续、均匀，避免抗侧力结构的侧向刚度和承载力沿竖向突变。合理控制建筑体型系数，竖向承重墙体上下对应，平面凸凹变化不宜过大。平面体型符合结构设计的基本原则和要求，结构在平面和竖向不应具有明显的薄弱部位，且宜避免结构和构件出现较大的扭转效应。高层装配整体式混凝土结构不宜采用整层转换的设计方案；当采用部分结构转换时，部分框支剪力墙结构底部框支层不宜超过 2 层，框支层以下及相邻上一层应采用现浇结构，且现浇结构高度不应小于房屋高度的 1/10。转换柱、转换梁及周边楼盖结构宜采用现浇。装配整体式混凝土结构中的预制框架柱和预制墙板构件的水平接缝处不宜出现全截面受拉应力。装配整体式混凝土结构宜采用简支连接的预制楼梯，预制楼梯可采用板式或梁式楼梯。

（3）机电专业设计要求

建筑设备管线应进行集成设计，减少平面交叉。竖向管线集中布置，并应满足维修更换的要求。室内设施和水、暖、电气等设备系统应与主体结构构件施工装配协调配合，连接部位提前预留接口、孔洞，安装方便。竖向电气管线应预留预埋在预制墙体内，墙体内竖向电气管线布置应保持合理间距。预制隔墙板内预留有电气设施时，应采取有效措施满足隔声及防火要求，对分户墙两侧暗装电气设备不应有连通设置。设备管线穿过预制楼板的部位，应采取防水、防火、隔声等措施，并与预制构件上的预埋件可靠连接。叠合楼板的设备管线预留预埋宜结合楼板的现浇层或建筑垫层统一考虑。建筑宜采用同层排水设计，并应结合房间净高、楼板跨度、设备管线等因素确定降板方案。对卫生间、厨房降板的位置及范围，应综合考虑结构板跨、设备管线等因素进行设计，并充分考虑功能可变性要求，为未来发展留有余地。

（4）装修专业设计要求

装修设计应与建筑、结构、机电设计同步进行，并实现建筑设计与室内装修设计一体化。室内装修设计应与预制构件深化设计紧密联系，各种预埋件、连接件、接口设计应准确到位，清晰合理。应采用工厂化生产的标准构配件，墙体、地面块材铺装应保证施工现场减少二次加工和湿作业。室内装修部件之间、部件与设备之间的连接应采用标准化接口。装饰预制构件与建筑主体结构之间的构造尺寸衔接紧密，提前预留预埋相关接口，便于实现装修工程的装配化施工。内隔墙应选用易于安装拆卸且保温隔声性能良好的隔墙板，灵活分割室内空间，连接构造牢固、可靠。

（5）预制构件设计要求

预制构件应满足结构体系性能要求，建筑使用功能要求，通用化、模数化要求以及标准化要求。应充分考虑预制构件之间的安装及连接要求、预制构件与现浇部位之间的安装及连接要求。同时，应满足预制构件生产、运输、堆放的相关要求。预制梁、预制柱、预制内外承重墙板、预制楼板等预制构件应在工程项目中做到少规格、多组合，提高同类型构件在项目中的重复使用率，合理控制建造成本。标准化外窗、集成卫生间、储物间等室内建筑部品在单体建筑中重复使用率高，采用标准化接口、工厂化生产、装配化施工。构件设计应综合考虑对装配化施工的安装调节和施工偏差配合要求。

预制构件及其连接应根据标准化和模数协调的原则，采用标准化的预制构件和连接构造。预制框架柱的高度尺寸宜按建筑层高确定，预制梁的长度宜按轴网尺寸确定，预制剪力墙板的高度尺寸宜按建筑层高确定，宽度尺寸宜按建筑开间和进深尺寸确定。预制楼板的长度尺寸宜按轴网或建筑开间、进深尺寸确定。预制构件的钢筋构造设计应便于提高预制构件连接效率、满足钢筋准确定位的要求，提高钢筋骨架的机械化加工和安装水平，便于模具的加工安装和拆卸，便于施工现场的安装操作。

预制构件连接设计，应保证被连接受力钢筋的连续性，节点构造易于传递拉力、压力、剪力、弯矩和扭矩，传力路线简洁、清晰，结构分析模型与工程实际节点构造设计保持一致。预制柱、预制剪力墙板和预制楼板等构件的接缝处结合面宜选用混凝土粗糙面的做法。预制梁侧面应设置键槽，并且同时设置粗糙面，键槽的尺寸和数量应满足受剪承载力的要求[109]。连接节点及接口处的纵向钢筋连接宜根据施工工艺等要求选用套筒灌浆连接、机械连接、浆锚搭接连接、焊接连接、绑扎搭接等连接方式。预制构件竖向受力钢筋的连接，宜优先选用套筒灌浆连接接头。

叠合楼盖可采用单向板、双向板的设计。叠合楼盖的预制底板可设置拼缝也可采用密缝拼接的做法。当采用密缝拼接的做法时，拼缝处应采取控制板缝的可靠措施。叠合楼盖设计中，板的跨厚比宜较现浇楼板适当减小。叠合楼盖采用预制预应力底板时，应采取控制反拱的可靠措施。

（6）构造节点设计要求

非承重的预制外墙板、内墙板应与主体结构可靠连接，接缝处理应满足保温、防水、防火、隔声的要求。预制外挂墙板的接缝及门窗洞口等防水薄弱部位的构造处理宜采用材料防水和构造防水相结合的做法。其中外墙板水平缝宜采用高低缝或企口缝构造，外墙板竖缝可采用平口或槽口构造，当板缝空腔需设置导水管排水时，板缝内侧应增设气密密封构造，缝内应采用聚乙烯等背衬材料填塞后用耐候性密封胶密封。预制外墙的接缝应根据工程特点和自然条件等，确定防水要求，进行防水设计。垂直缝宜选用结构防水与材料防水相结合的两道防水构造，水平缝宜选用构造防水与材料防水相结合的两道防水构造。外墙板接缝处的密封胶应选用耐候性密封胶，其最大伸缩变形量、剪切变形性能应满足设计要求。

第3章　基于BIM技术的装配式建筑设计阶段一体化集成应用

在装配式建筑设计各阶段，主体结构系统、内外围护系统、机电设备系统、装饰装修系统等，基于BIM技术进行通用化、标准化、模块化的一体化集成设计，多专业协同工作，实现设计阶段各参与方的数据共享及协同设计。确保BIM模型在设计、生产、施工、运维全生命周期的有效传递与信息共享，为工厂化生产、装配化施工、智慧化运维奠定基础。

3.1　技术策划

装配式建筑技术策划对项目的实施发挥着重要作用。设计单位应同建设单位、总包单位等建设参与方充分了解项目定位、装配式建筑建设规模、装配式建筑专项经济技术指标、装配式建筑建造成本控制因素、当地政府对装配式建筑的政策影响等因素，制定适宜的装配式技术路线，达到提高预制构件的标准化率、节约造价、缩短工期的建设目标。通过技术策划，统筹总平面规划、建筑设计、部件部品生产、施工安装和运营维护全过程，对技术选型、技术方案经济可行性和可实施性进行评估。对项目所在区域的预制构件生产能力、装配施工能力、现场运输及吊装条件进行评估，为后续的设计工作提供设计依据。按照保障安全、提高质量、提升效率的原则确定可行的技术策划方案以及适宜的经济技术指标和建设标准。

（1）装配式建筑设计流程策划

装配式建筑与常规现浇建筑在设计流程上（如图3.1和图3.2）的区别在于多了两个环节：技术策划和构件加工环节。

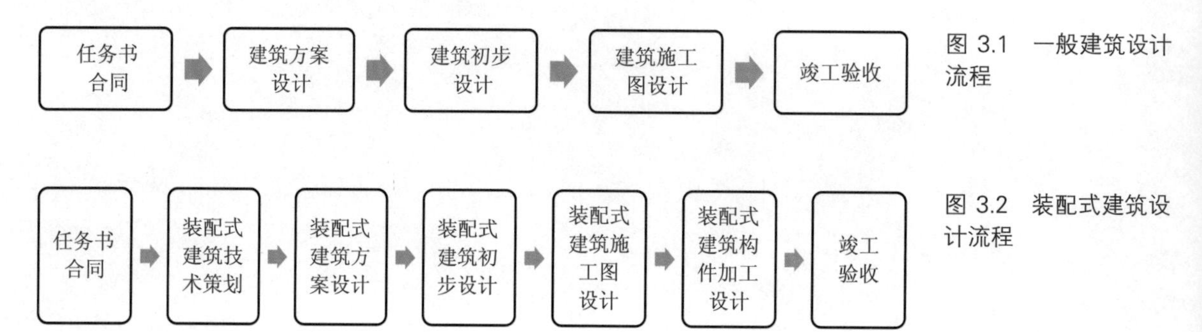

图3.1　一般建筑设计流程

图3.2　装配式建筑设计流程

（2）装配式建筑一体化集成技术策划

装配式建筑一体化集成设计系统如图 3.3 所示。装配式建筑一体化集成技术策划应结合总图概念方案或建筑概念方案，对建筑平面、结构体系、围护结构、室内装修、机电系统等进行标准化设计策划，并结合成本估算，选择相应的技术配置，确定构件连接关键技术，估算预制率和装配率，并确定建设标准。满足预制装配率指标首选装配式围护体系，其次装配式内装部品体系，最后选用装配式主体结构体系，可有效控制建造成本、提高建造效率、提升建筑品质。

图 3.3　装配式建筑一体化集成设计系统

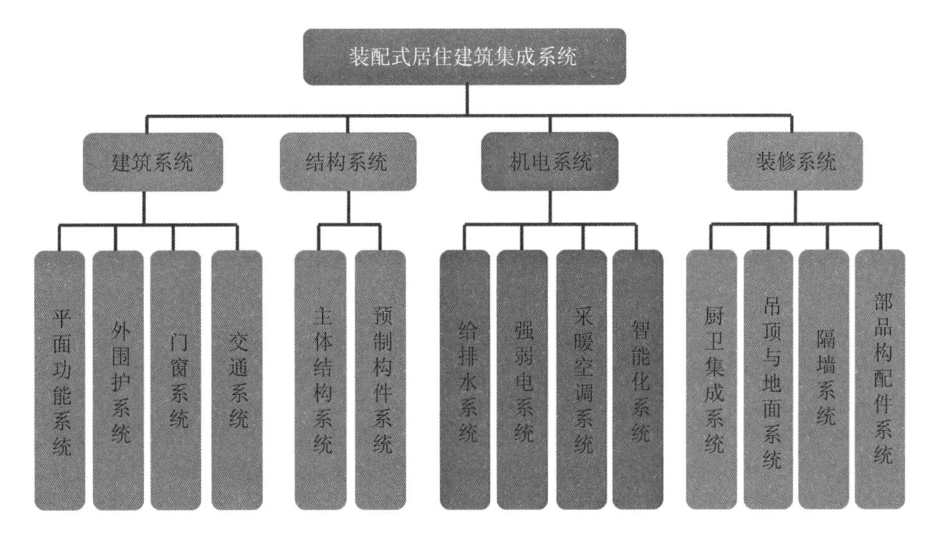

预制构件生产策划应根据供应商的技术水平、生产能力和质量管理水平，确定供应商范围。预制构件运输策划应根据供应商生产基地与项目建设地点之间的距离、道路、交通管理等条件，选择稳定可靠的运输路线方案。

施工装配策划应根据建筑概念方案，对起重能力、构件运输和堆放、交叉施工、质量保障、工人培训、关键装配式施工技术等方面确定施工组织方案。经济成本策划要确定项目成本控制目标，并对装配式建筑建造实施的重要环节进行成本优化，提出具体指标和控制要求。

（3）装配式建筑 BIM 应用技术策划

基于 BIM 技术的装配式建筑技术策划内容包括：项目 BIM 实施组织模式、各阶段 BIM 技术应用范围和成果要求，以及项目级 BIM 实施细则、建模标准、交付标准等。装配式建筑应根据项目类型、规模、复杂程度等因素综合确定 BIM 实施的目标、范围和深度。具备条件的装配式建筑项目应积极采用设计、生产、施工、竣工验收、运维等阶段的 BIM 全过程咨询，以实现对装配式建筑项目建造全过程 BIM 数据信息的无缝传递、高效利用、资源共享及合理管控。

为区分多个 BIM 应用目标的重要程度，可以通过定义目标的优先级加以区分，如表 3.1 所示。

表3.1　BIM技术应用基本内容

<table>
<tr><th>阶段</th><th>优先级</th><th>BIM 应用目标</th><th colspan="2">可能的 BIM 应用</th></tr>
<tr><td rowspan="7">设计</td><td rowspan="6">一</td><td rowspan="6">提升设计效率及质量</td><td colspan="2">标准化、通用化、模块化正向设计</td></tr>
<tr><td rowspan="2">高质量施工图</td><td>PC 构件组合出图</td></tr>
<tr><td>PC 构件深化出图</td></tr>
<tr><td colspan="2">施工图交底及施工模拟</td></tr>
<tr><td colspan="2">预制率计算、预制构件统计</td></tr>
<tr><td colspan="2">生成 BOOM 清单</td></tr>
<tr><td>二</td><td>审查设计进度</td><td colspan="2">设计检查及复核</td></tr>
<tr><td>生产</td><td>二</td><td>提升生产效率</td><td colspan="2">模具设计优化、预制构件跟踪、BIM 生产管理平台</td></tr>
<tr><td rowspan="5">施工</td><td>一</td><td>提质增效</td><td colspan="2">工程质量与安全分析</td></tr>
<tr><td>二</td><td>施工进度跟踪管理</td><td colspan="2">4D 模型</td></tr>
<tr><td>二</td><td>减少现场冲突</td><td colspan="2">3D 协调</td></tr>
<tr><td>三</td><td>定义各阶段相关的问题</td><td colspan="2">4D 模型</td></tr>
<tr><td>二</td><td>评估设计变更引起的成本变化</td><td colspan="2">工程量统计、工程造价控制</td></tr>
<tr><td>运维</td><td>三</td><td>为运营准备精确记录模型</td><td colspan="2">可视化应用、3D 协调</td></tr>
</table>

3.2　方案设计

装配式建筑方案设计主要是在技术策划的基础上，从工程项目的定位需求出发，依据具体的设计要求，研究制定满足装配式建筑功能和装配式指标的总体设计方案，采用 BIM 等技术手段对装配式建筑的整体方案进行初步的评价和优化。

装配式建筑方案设计阶段应根据技术策划方案做好平面、立面及剖面设计，满足使用功能及规划要求，平面设计注重标准化与通用化，立面设计注重个性化和多样化，剖面层高、净高需合理确定。对项目采用的预制构件类型、构件连接技术提出设计方案。对预制构件的加工制作、施工装配的技术进行分析。构件按照少规格、多组合的原则充分考虑装配式建筑建设成本的经济性与合理性，为初步设计阶段工作奠定基础。

方案设计阶段的 BIM 应用主要是利用 BIM 技术对设计方案进行数字化仿真模拟，对装配式建筑方案进行技术可行性验证，对方案设计相关影响因素进行统筹分析，包括场地自然环境条件、城市规划设计条件、市政基础设施条件、交通组织条件等，指导和细化下一步深化设计工作。

3.2.1　场地环境分析

场地环境分析的主要路径是通过建立场地 BIM 模型，模拟分析项目建设场地的各类环境影响因素，提供规划设计方案、建筑设计方案的评价依据。通过直观可视化的环境模拟场景，为设计师提供有效的方案辅助设计依据。在进行场地环境分析时，应在 BIM 模型中输入各类环境影响因素，包括：地质勘查报告、工程水文资料、规划设计条件、建设区域 GIS 数据、原始地形点云数据、场地既有管网数据、周边市政主干管网数据、地貌数据等。

基于三维可视化场景的 BIM 场地环境分析，首先可以通过三维建模、无人机倾斜摄影、点云数据扫描等方式建立场地 BIM 模型，模型应体现：坐标信息、各类控制线（用地红线、道路红线、建筑控制线）、原始地形表面、场地初步竖向方案、场地道路、场地范围内管网、场地周边主干道路、场地周边市政主管网、三维地质信息等，如图 3.4 所示。借助 BIM 模型模拟分析场地标高、场地坡向、场地高程、纵横断面、填挖量、等高线等技术参数，获得不同方案下的数据对比，为设计方案的评估提供可视化模拟数据比照。在此基础上制作出可体现场地环境模型分析结果的综合分析报告。最后，根据场地环境综合分析结果，评估项目建设用地基础环境条件，在此基础上评判规划及建筑设计方案的可实施性，为方案优化调整提供明确的改进方向与建议。

图 3.4　施工场地无人机倾斜摄影

3.2.2　场地交通分析

基于场地 BIM 模型，进行场地内地下室机动车库及非机动车库出入口定位，以及建筑主体与周边道路关系、场地内外步行流线、消防车道、临时停车等交通组织方案分析比较。对于建设用地周边交通道路进行三维交通疏解模拟。通过三维模拟场地内外部交通区域的行车流向、行人行走路径，直观反映人车流量、运动轨迹及交通畅堵情况，提供更加切合实际的交通疏解方案，详见表 3.2。

表3.2　二维交通疏解与基于BIM技术的三维交通疏解对比

传统二维交通疏解分析	基于 BIM 三维交通疏解分析
缺少行车流量模拟，只能通过统计数据表达	基于 BIM 模型制作三维动态车流量模拟，配合统计数据反映真实情况
对于行车轨迹、行人路径等信息，平面图纸难以表达，分析能力较差	通过三维模拟交通区域的行车流向、行人行走路径，直观反映人车流量、运动轨迹及交通畅堵情况
对工程范围内交通环境数据采集困难，对周边市政条件的变更情况统计分析不到位	根据交通环境状况和场地规划布局，利用 BIM 模型自动统计分析。人行车行道路、建设场地布置、周边构筑物、交通设施等变更情况得到精确体现
二维环境下对地下管线及迁改的空间关系较难体现	基于 BIM 模型反映地下空间及各类市政管线，直观对比不同迁改方式

3.2.3　建筑方案比选

建筑方案比选主要利用 BIM 技术的可视化、仿真性、模拟性等特点进行建筑方案的对比。设计方案比选的主要目的是选出最佳的设计方案。通过多个备选的设计方案模型（包括总平面、建筑、结构、机电专业模型）进行比选，使项目方案的讨论和决策在可视化的三维仿真场景下进行，项目设计方案比选更加科学有效，建筑方案比选 BIM 应用点分析如表 3.3 所示。

建筑方案 BIM 模型应包含方案的完整设计信息，包括方案的总平面布局、平面设计、立面设计、剖面设计等，进行方案 BIM 模型的可行性、功能性和美观性等方面的比较，形成相应的方案比选报告。报告应包含方案对比分析说明，重点分析总平面规划布局、建筑造型、结构体系、机电方案以及之间的匹配度和可行性。利用 BIM 模型提前研究项目复杂部位、关键节点，对于提升建筑方案品质具有重要价值，有利于把握设计重点难点，统筹内外部设计影响要素，为初步设计打好基础。

表3.3　方案比选BIM应用点分析

应用场景	应用效果
数据沿用	方案阶段模型具有良好的数据传递性，具备参数化功能，可以实现全专业、全设计流程的数据传递
展示效果	方案效果展示不再局限为效果图，提供渲染视频、漫游动画等更丰富的表现形式
交通分析	消防车道、货车通道、人车流线等交通组织方案通过三维模型展示，更加直观清晰
空间布置	通过三维可视化的形式对建筑外部空间形态、建筑内部功能空间组合模式进行比较及合理性分析，使得空间布局更加合理与完善
消防疏散	消防登高面展示与紧急疏散模拟等应急方案比选，基于 BIM 技术实现动态展现

3.2.4　建筑标准化、模块化设计

标准化设计是装配式建筑设计的核心要求。标准化设计是提高装配式建筑的工程质量、建造效率、建设效益的重要手段。通过标准化设计、工厂化生产、装配化施工,实现数字建造、精益建造。标准化设计方法的应用,有利于装配式建筑各技术体系的集成,实现从设计到建造,从主体到内装,从围护系统到设备管线全系统、全过程的一体化集成应用。

（1）标准化设计

装配式建筑标准化设计在满足建筑使用功能和空间形式的前提下，以降低预制构件种类和数量作为标准化设计手段的建筑设计方法。标准化是建筑产业化发展的基础，包括三个方面：首先是平面布局标准化，包含公共建筑中标准层的排布、住宅中标准户型的优化组合；其次是竖向交通体系的标准化；最后是外围护构件的标准化，包含透明部分，如标准窗、单元式幕墙，以及不透明部分，如外墙板等。

1）平面布局标准化和竖向交通体系标准化

装配式建筑设计中重要的一个环节即为平面布局设计和竖向交通体系设计。在建筑设计中，应首先对这一环节进行考虑，以期得到良好的标准化设计方案。具体来说，平面布局和竖向交通体系标准化设计，首先要以业主需求为根本。通过对业主需求、产品定位、功能特性的把握，将标准化功能模块进行合理组合，如前室、井道、交通核及各功能用房等。其次，还应从全局把握建筑标准化设计，借助于 BIM 模型，提升标准化平面功能布局与竖向交通体系的整体性、协调性，有利于形成标准化户型、标准化楼层、标准化楼栋，最大限度地发挥建筑标准化设计的价值。最后，标准化设计应严格遵循各类设计规范，使得设计的安全性、经济性、灵活性达到充分平衡。

如图 3.5 所示，标准化设计体系将住宅的标准层拆分为卧室、阳台、厨房、卫生间、客厅等标准化空间模块，自由组合成不同的标准化户型。对这些基本功能模块，在模数协调的基础上进行空间组合，形成不同标准

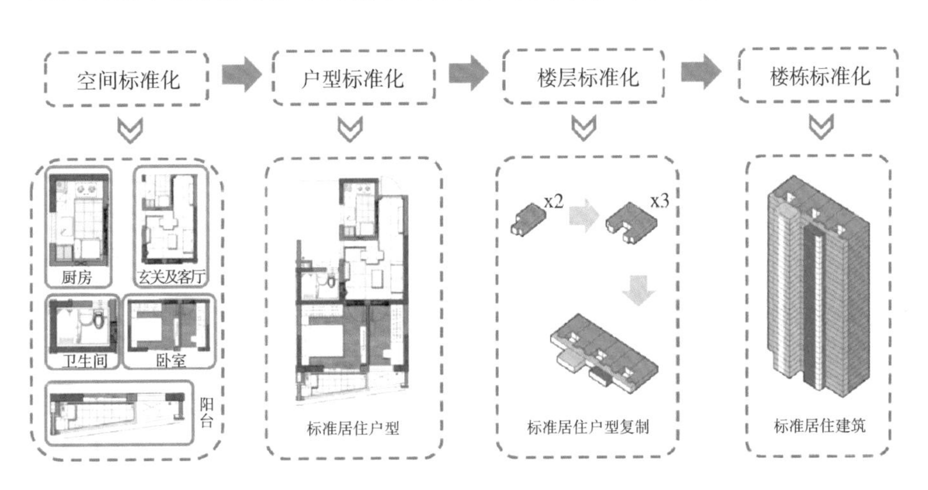

图 3.5　标准化设计体系

楼层平面。模块外部以装配式竖向构件为依托，模块内部采用装配式内隔墙划分为不同功能区域，组合形成不同的标准化楼栋。

如图 3.6，南京 NO.2018G22 装配式住宅项目采用平面布局标准化和竖向交通体系标准化设计，通过户型标准化、立面标准化等手法，利用 3 个标准化户型（A、B、C）组合成 3 种标准化楼层，结合标准化竖向交通体系，形成 3 种标准化楼型，整个住区共计 8 栋楼，达到“少规格、多组合”的标准化、模块化、通用化设计要求。

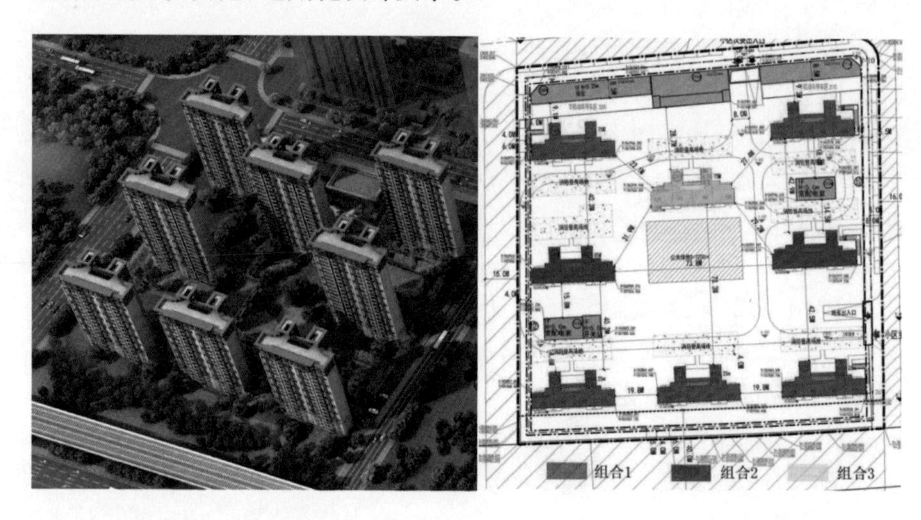

图 3.6　住宅项目标准化应用实例（以南京 NO.2018G22 项目为例）

2）外围护体系标准化

装配式建筑外围护体系应坚持“少规格、多组合”的原则，降低外围护体系预制构件种类。建筑外立面不应有过多的凹凸造型，立面洞口应尽量保证尺寸与定位一致。为确保外立面形式不过于单调，可通过调整洞口、出挑阳台、空调板等的尺寸位置，进行多样化的组合。亦可通过色彩、部品部件空间重组丰富立面造型，使得标准化与多样化有机统一。另外，装配式建筑还应选择标准化的楼层高度，最大限度地实现构件的通用性。

以住宅为例，与普通住宅相比，装配式住宅的立面通过各个预制构件组合拼装而成，包括预制外隔墙、预制剪力墙、标准化外窗等。构件的规格种类越少，单构件的应用数量越大，其成本就越低。因此，为了达到效益最大化，降低建造成本，提高建设效率，通过在 BIM 预制构件库中筛选不同风格的预制墙体等外围护构件，基于 BIM 模型进行多种形式的组合，形成多样化的立面表达。

如图 3.7 所示，住宅标准层立面采用装配式外围护体系设计。构件尺寸模数化，构件组合个性化。立面形式统一的同时又具有个性化表达。住宅的层高相同，洞口尺寸规整统一，使得预制构件的批量化生产更为高效，便于装配式安装的快速实施。

（2）模块化设计

模块化设计是指装配式建筑按照模块化理论方法进行构建，将装配式

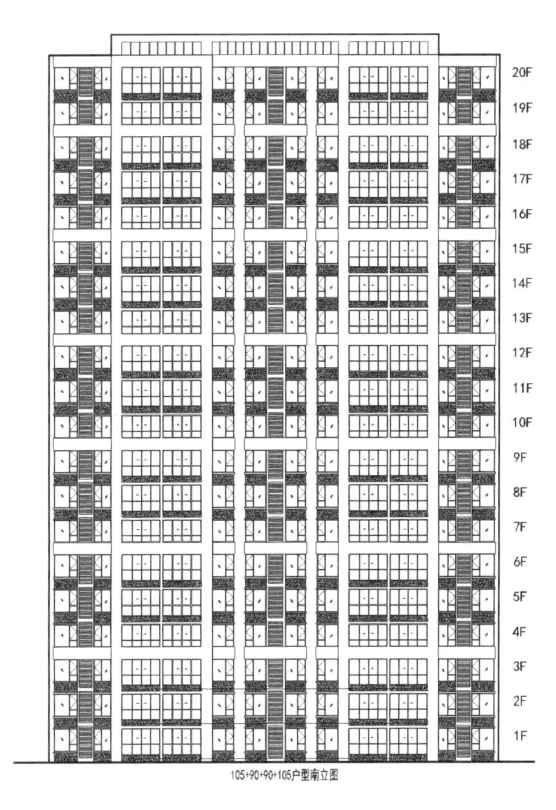

图 3.7　外围护构件标准化应用实例

建筑系统划分为具有各自独立功能的模块单元，不同层级及功能的模块单元按照相对应的接口标准进行对接，实现相同层级及功能模块单元间的重用与互换，不同层级及功能模块单元间的衔接与组合。各模块单元按照装配式建筑的功能要求进行有机组合，形成完整功能体系的装配式建筑，确保建筑整体功能的实现。

模块化设计是实现装配式建筑标准化设计的重要基础。在装配式建筑的规划设计中，基于 BIM 技术应用模块化的设计理念，在建筑、结构、机电、装修多系统开展模块化设计应用。从模块化竖向交通单元、模块化户型、模块化平面布局、模块化部品部件、模块化集成厨房及卫生间等方面着手，共同建立模块化装配式建筑 BIM 模型。通过模块化设计方法，实现不同模块的自由组合配置，满足不同客户的需求。每栋建筑模数化的内部空间具有通用性。建筑模组可以分栋、分层、分间灵活划分，各功能空间既相互呼应又彼此独立，形成弹性的建筑空间划分模式，具有高适用性、高可扩展性。

以装配式住宅为例，模块化设计的目的在于通过对不同户型的过厅、餐厅、卧室、厨房、卫生间等多个功能模块的分析研究，如图 3.8 所示，将不同功能模块进行组合设计，来满足住宅户型平面布置及功能灵活使用的多种可能性。标准的户型模块可以灵活组合多样化的建筑楼层平面，通过外围护体系预制构件的重组，形成多样化的立面效果。如图 3.9 所示，南京 NO.2018G22 装配式住宅项目组合 1 模式共计 5 栋楼，组合 2 模式共计 2 栋楼，组合 3 模式共计 1 栋楼，较大限度地提高了构件的可重复性，从

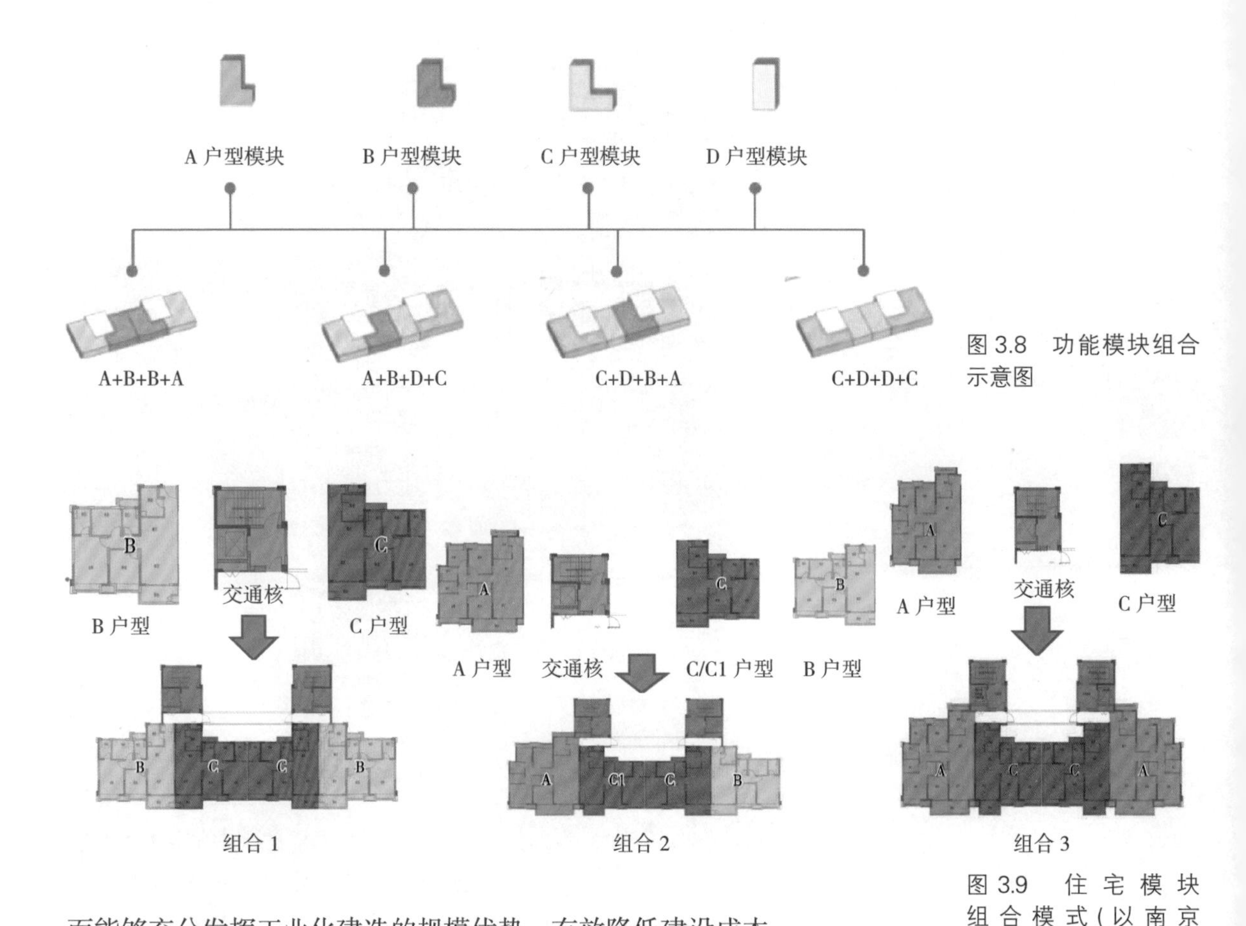

图 3.8 功能模块组合示意图

图 3.9 住宅模块组合模式（以南京 NO.2018G22 项目为例）

而能够充分发挥工业化建造的规模优势，有效降低建设成本。

基于 BIM 技术的模块化建筑设计，可以通过三维 BIM 模型管理各类型标准化预制构件模块。通过对标准化构件的模块化组合，可以进一步提高装配式建筑的设计建造效率。标准化与模块化的设计理念可以从装配式建筑设计的源头控制预制构件的种类与数量，从而尽量减少预制构件开模的种类，优化生产线，在提高生产效率的同时降低模具摊销，降低部品部件成本。对于整个装配式建筑而言，可以节约工程成本与缩短工期。BIM 技术是标准化、模块化设计的有效实现工具，而标准化、模块化设计是 BIM 价值最大化的实现路径。

（3）结构构件标准化率

结构构件标准化率是表示项目中结构构件种类和数量之间关系的数值，以百分率的方式体现。它是对装配式建筑设计中结构构件的标准化程度指标的数值体现，是标准化设计的定量控制手段。标准化率与标准化设计的关系如图 3.10 所示。

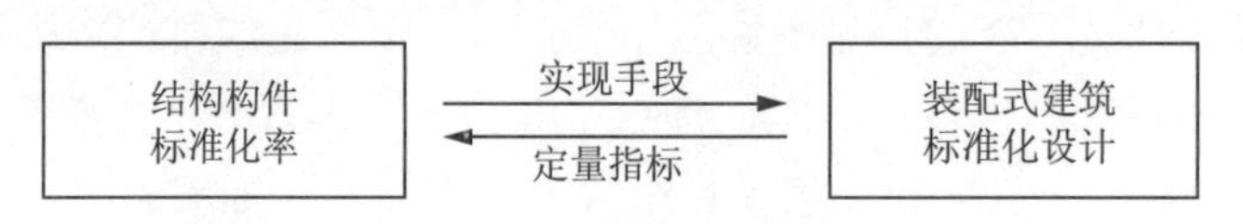

图 3.10 标准化率与标准化设计的关系

3.3　初步设计

初步设计阶段是方案设计比选优化后的进一步深化设计阶段，为施工图设计打下基础。装配式建筑初步设计阶段应在模块化、标准化设计基础上，联合各专业的技术要点进行协同设计，进一步细化和落实技术方案，注重通用化及协同性，统筹各专业技术要求。以装配整体式混凝土结构为例，在满足结构规范对建筑底部现浇加强区的层数要求基础上，对结构体系进行预拆分，初步对预制构件进行分类统计，结合预制构件生产工艺，对预制构件形状、尺度、重量等设计参数进行估算，充分考虑机电专业各类管线预留预埋要求，进行方案合理性评估，有效控制各类成本影响因素。深化完善方案设计模型，形成初步设计阶段的建筑、结构、机电专业 BIM 模型。

在初步设计阶段，各专业技术沟通应当依据初步设计 BIM 模型进行，发挥 BIM 模型可视化、协同性的优势。BIM 模型生成的统计明细表可实时、动态反映项目的主要经济技术指标，包括各类规划控制指标、成本经济性指标、装配式专项技术指标等。

3.3.1　建筑性能分析

基于 BIM 技术的建筑性能分析应用包括：节能分析、日照分析、热环境分析、风环境分析、光环境分析、声环境分析、交通组织分析等，如表 3.4 所示。在初步设计阶段，基于 BIM 技术的性能化分析软件，可有效提供建筑物及周边环境的热环境、风环境、光环境和声环境等物理指标的模拟分析，验证建筑物是否按照规划要求、使用功能要求及绿色建筑技术标准进行设计，对于性能模拟分析发现的问题，及时在规划布局及建筑设计中予以调整，对初步设计成果进行复核优化，以确保满足建筑各项性能指标。

表3.4　建筑性能模拟分析

专项性能分析	模拟分析内容
热环境和能耗分析	模拟预测室内温湿度，房间热负荷、冷负荷。 模拟预测采暖空调系统的能耗。 模拟预测建筑物全年环境控制所需能耗
日照分析	计算窗口实际的日照时间。 建筑物窗口、外墙面获得的太阳辐射热、天空散射热。 相邻建筑物之间的遮蔽效应
风环境分析	室外风环境模拟：改善建筑群体风场的分布，减小涡流和滞风现象，找出可能形成狭管效应的区域。 室内风环境模拟：引导室内气流组织，进行自然通风、换气模拟
光环境分析	建筑物室内照明分析。 建筑物天然采光分析
声环境分析	通过声学模拟预测建筑物的声学质量。 对建筑声学改造方案进行可行性分析

基于 BIM 技术的建筑性能化分析，通过输入外部环境参数，构建初步设计各专业 BIM 模型，通过研究各专业软件之间的交换标准，实现与模型数据的交互与同步，确保 BIM 模型的数据信息可以在专业性能模拟软件中使用。基于 BIM 模型，应用专业软件对建筑进行日照、气流、声环境等专业分析，极大地提升了各专业领域的设计协同效率，加强了对装配式建筑的整体性能分析与优化效果。

（1）光环境分析

在 REVIT 软件中建立初步设计 BIM 建筑模型，导出 IFC 格式文件，导入 ECOTECT 软件中，完成分析模型建立，如图 3.11。在 ECOTECT 软件中对照项目的实际情况，设置项目建设地点以及日照条件，计算窗口实际的日照时间，分析相邻建筑物之间的遮蔽效应。

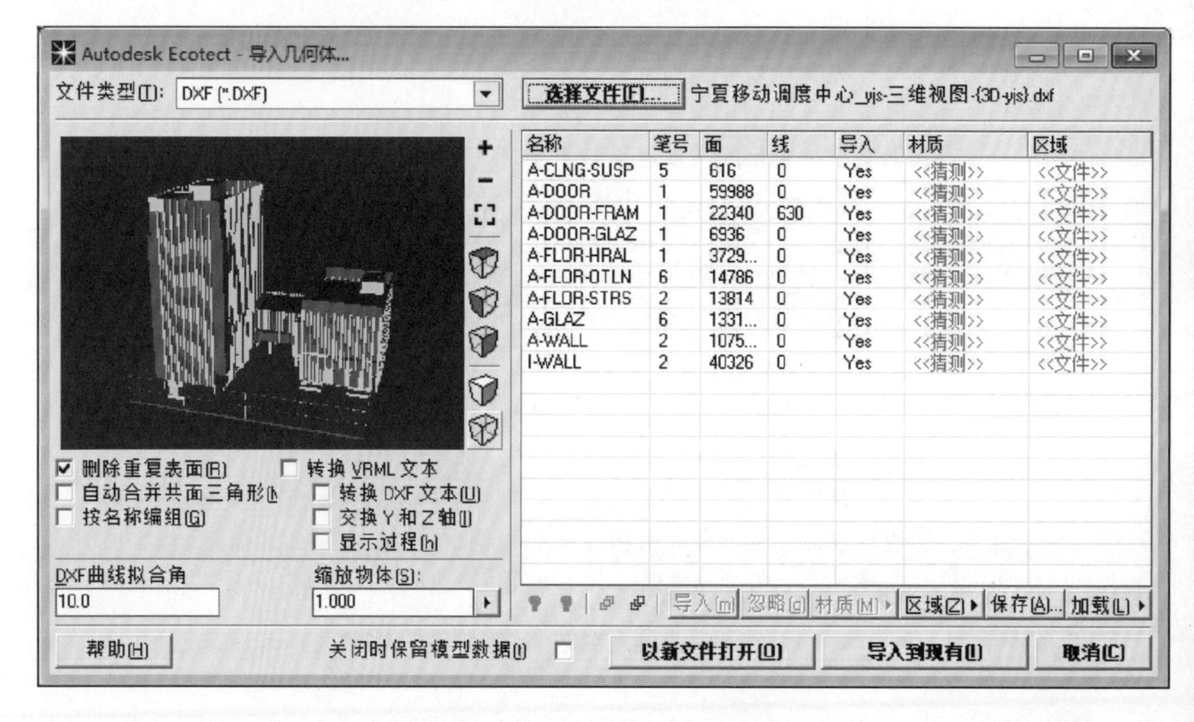

图 3.11 建筑日照分析模型

（2）风环境分析

建筑群及周边构筑物会改变建筑物周边风场结构，直接影响了建筑小气候环境和人体的舒适性。同时，室外风环境与建筑节能设计有着直接关联。因此在初步设计阶段针对建筑方案进行室外风环境模拟尤为重要，通过模拟，调整建筑群总体布局及建筑空间形态，改善居住小区风场的分布，减小涡流和滞风现象。

初步设计 BIM 模型，导出格式为 IFC 的交换文件，导入 CFD 插件中进行模拟分析，只保留基本的几何信息以降低模拟运算的压力，使模拟结果更加准确。通过可视化的方式展现模拟结果，分析结果形象直观。

如图 3.12，通过对风环境模拟结果与规划要求、绿色建筑评价标准相应条款的比照，审查建筑方案是否满足相关规范要求。

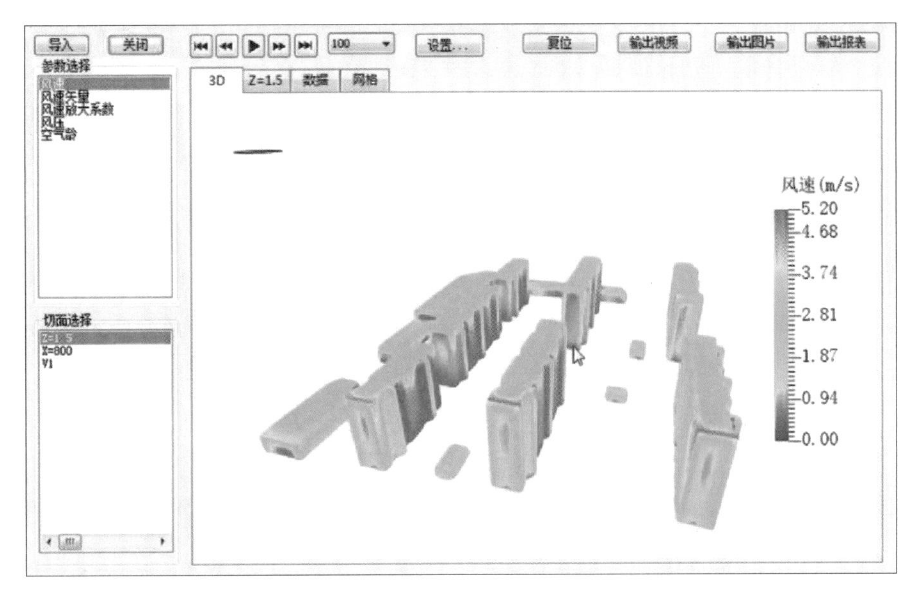

图 3.12　建筑室外风环境分析模型

（3）热环境分析

利用初步设计 BIM 模型，导出 GBXML 格式文件。在 ECOTECT 软件中添加建筑门窗洞口、墙体材质等物理属性信息及设备系统性能参数，模拟预测室内温湿度、房间热量、热负荷、冷负荷。模拟预测采暖空调系统的能耗，以及建筑物全年环境控制所需能耗，如图 3.13。

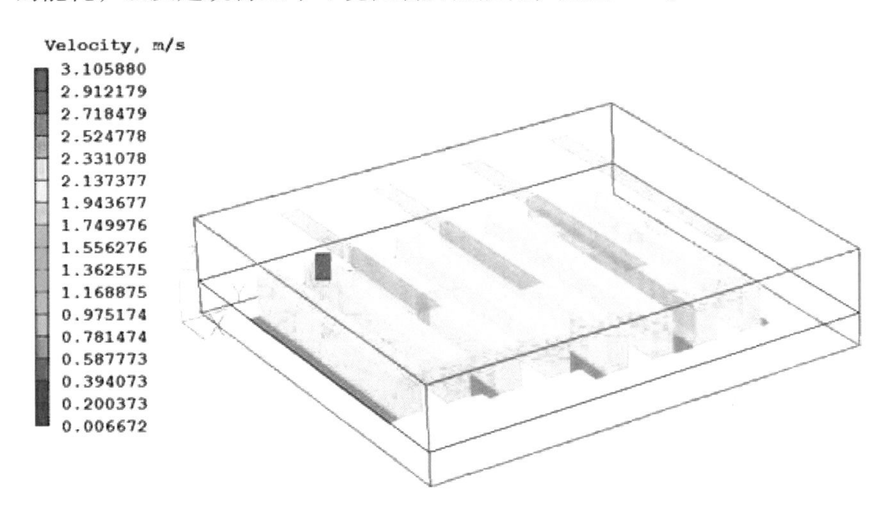

图 3.13　建筑室外热环境分析模型

3.3.2　空间净高分析

在传统设计中，建筑空间较低或较狭窄的区域、管线较密集的区域，以及管道进出管道井、进出机房的区域等，极易出现净高不足的情况，如果在机电安装施工过程中才发现问题，将导致不必要的返工，增加施工难度。建筑的室内空间净高控制往往通过不同专业基于二维 CAD 图纸进行多次技术协商解决，而实际建成效果往往会有较大偏差。基于 BIM 三维模型，将建筑、结构、机电专业的模型进行碰撞检测及合理的空间位置排布模拟，符合建筑实际功能需要及国家规范，满足各功能空间的净高要求。通过软件自带或相关插件可直观显示空间净高的整体分布情况，通过制作净高空间分析图，可以清晰地反映整个建筑室内空间净高不满足设计要求的区域，从而在初步设计阶段及时解决这些问题，避免了施工图设计的反复，以及工程施工后期的拆改及返工，如图 3.14。所以有必要在初步设计阶段通过 BIM 模型进行建筑空间净高分析，尽早发现问题并及时调整。

空间净高分析应在全专业 BIM 模型的基础上，首先解决碰撞检测问题，利用机电管线综合深化后的模型开展碰撞检测，进行净高分析，利用

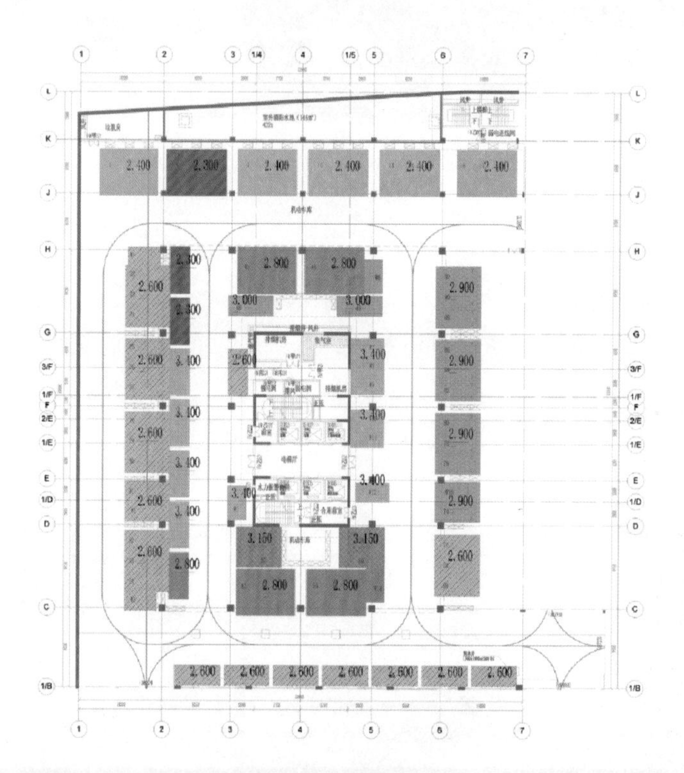

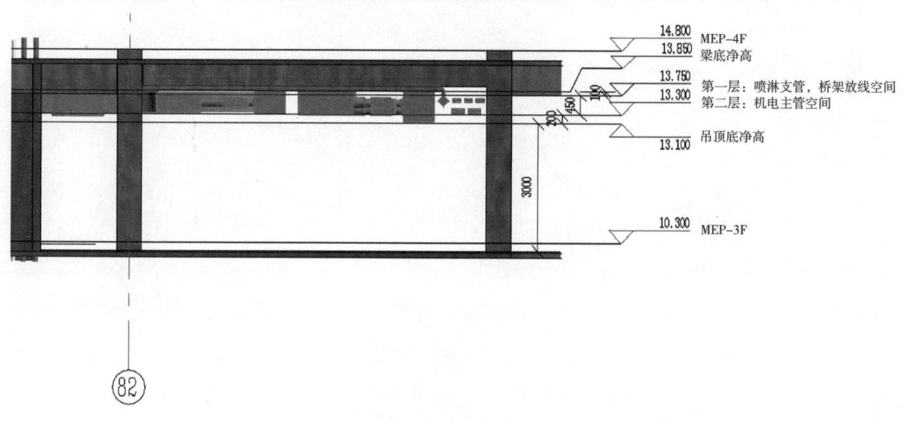

图 3.14 建筑空间净高成果图

三维视图及剖面视图进行复核检验。室内净高按楼地面完成面至吊顶、楼板、梁底面或机电设备及支吊架底面之间的垂直距离计算。对于设备用房的走道、风管进出风机房处、过长的重力管道处、上层有集水坑处、防火卷帘处、楼梯间、设备管廊等位置需重点分析。

基于 BIM 模型对机电管线复杂区域进行重点展示，可结合平面图、剖面图、三维视图等形式充分展示空间构件及机电管线实际布置情况，同时可利用 VR、AR 等先进技术让设计人员、施工人员能够更加直观地感受项目建成后的实际效果。通过碰撞检测对机电管线进行空间综合优化，据此对各功能区进行净高标示，生成净高空间分析图。在初步设计反馈调整后，进一步修改 BIM 模型，让初步设计方案更加科学、合理。

3.3.3　预制构件拆分

装配式混凝土建筑设计与现浇混凝土建筑设计相比，多了预制构件拆分设计环节，这是装配式建筑设计中的重要一环。其目的是将建筑结构体系按装配式建筑设计要求拆分，有利于构件工厂高效生产，现场准确拼装。通过预制构件拆分设计，可以进行装配式建筑结构体系预制构件组合模拟分析，这对预制构件的工业化生产、拼装工艺可行性、结构体系的安全性起到非常关键的作用。如图 3.15、图 3.16 为预制叠合板拆分图及装配式剪力墙构件拆分爆炸图。

在预制构件拆分过程中，不仅要满足相关结构规范要求，还应遵守建筑模数协调统一标准的有关规定，按照模数协调的标准进行拆分，遵

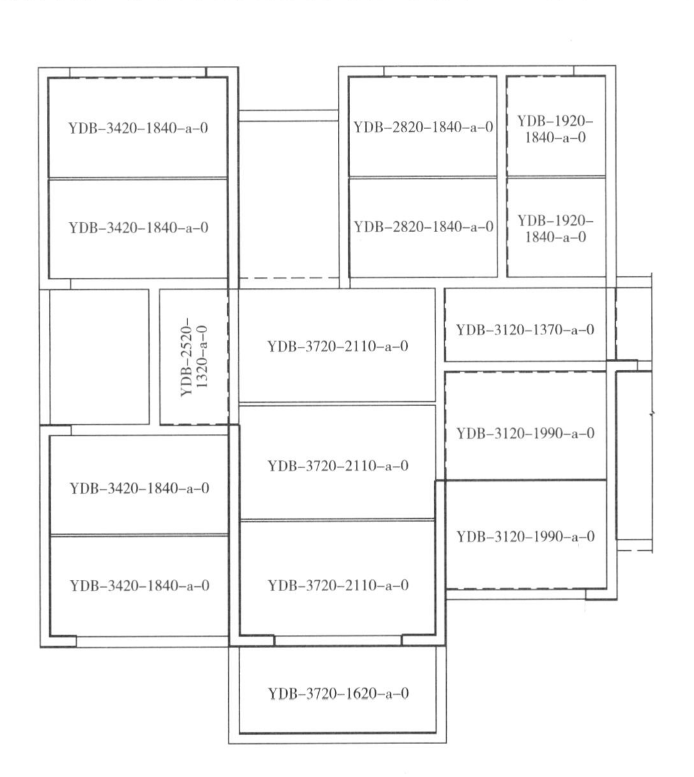

图 3.15　预制叠合板拆分图

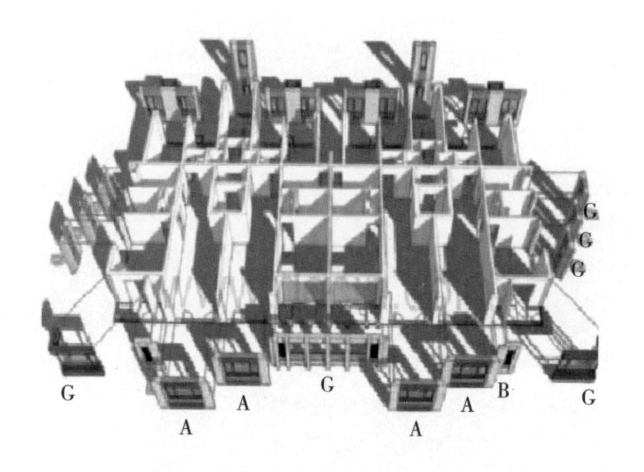

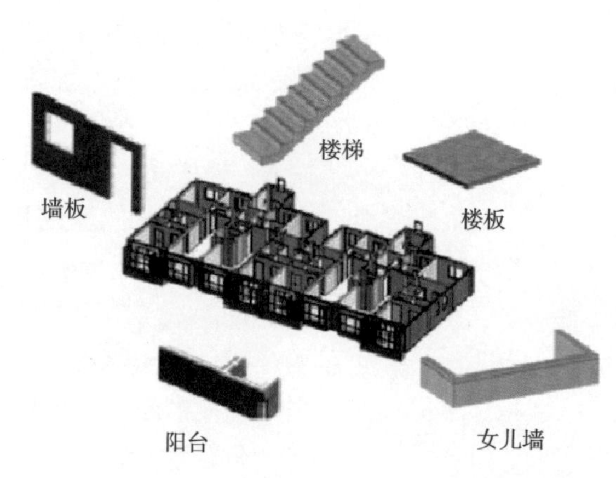

图 3.16 装配式剪力墙构件拆分爆炸图

循“少规格，多组合”原则，注重预制构件的标准化、通用化。以南京NO.2019G01 项目中 8 号楼为例，如图 3.15 中，预制叠合板严格按照图集要求的宽度模数拆分，每栋单体叠合板宽度可以且适宜采用标准模数的楼板均统一模数为 1 200 mm、1 500 mm、1 800 mm、2 100 mm、2 400 mm 规格等，标准模数宽度占比 68.17%。

在 BIM 模型中形成预制构件标准化系列族库，协调处理预制构件深化设计、预制构件工厂生产、预制构件施工吊装等各个环节间关系，加强建筑、结构、机电、装修等各个专业间的配合。另外，还应充分考虑现实情况，如预制构件运输便利性、吊装可行性等影响因素。预制构件种类越少，数量越多，其建造效率就越高，建设成本就越低。预制构件拆分设计关注点如表 3.5 所示。

表3.5 预制构件拆分设计关注点

序号	拆分设计关注点	具体设计要求
1	各地政策对装配式建筑预制装配率的要求	按照项目审批文件规定的预制装配率等指标要求，确定结构体系装配式技术方案，确定预制构件的选用范围，如除叠合楼板 1、预制阳台板、预制空调板、预制楼梯外，是否采用预制竖向受力构件
2	考虑结构受力影响	预制构件应避开规范规定要求的现浇区域，拆分设计应考虑结构的合理性，接缝应位于受力较小的部位
3	考虑节点连接方式	确定预制构件的截面形式、连接位置及连接方式，确保结构安全性
4	考虑标准化、通用化	尽可能统一同类构件的规格，减少预制构件的种类
5	考虑施工安装工艺	相邻构件的拆分应考虑相互协调，如叠合楼板与支承楼板的预制墙板应考虑施工的可行性
6	考虑运输及吊装要求	考虑起重设备的吊装要求，以及预制构件运输车辆尺寸限制

针对预制构件，设计如图3.17所示的拆分设计流程。预制构件进行拆分设计需制定拆分方案。首先，考虑差异化和标准化间的协调，提高构件利用效率。其次，拆分构件要传力合理，符合相关结构规范规定，各种施工缝预留位置准确妥当。再者，考虑预制构件生产机械对构件生产加工截面大小的要求，以及考虑构件运输的可行性。最后，要考虑构造连接节点施工便利，提前模拟施工工艺，确保施工简单易行。

图3.17　拆分设计流程

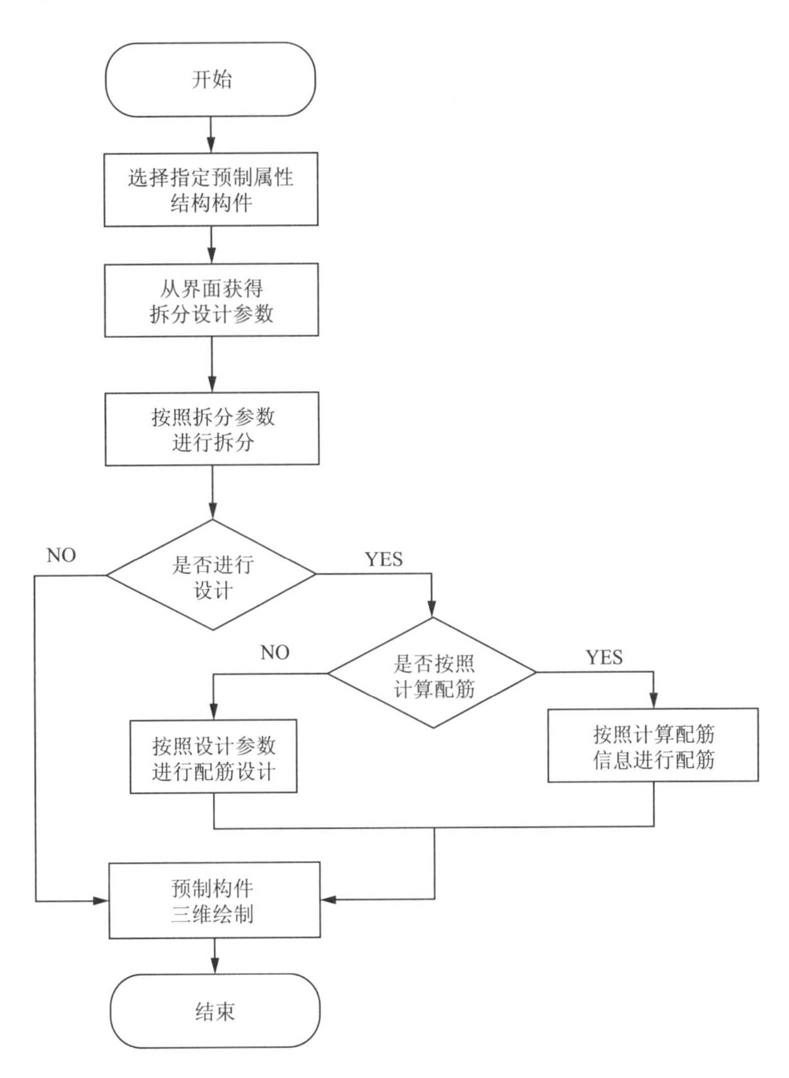

根据装配式建筑预制装配率控制性指标要求，在预制构件模型上进行深化设计，直接生成预制构件拆分图纸。由BIM模型直接统计预制构件的体积和重量、钢筋规格与长度、预埋件型号与数量等材料信息。通过准确统计，指导预制率和装配率的计算复核。

具体拆分流程为：对结构模型中需要拆分设计的结构构件指定预制属性，此时可以粗略计算该建筑的预制率或预制装配率指标。然后设置拆分参数，对指定预制属性的结构构件按照拆分参数进行拆分，拆分后预制构

图 3.18　拆分后的叠合板

图 3.19　拆分设计后的叠合板

图 3.20　拆分后的剪力墙

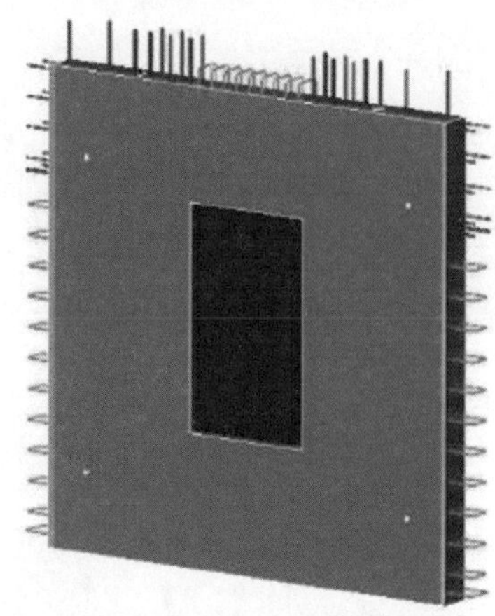

图 3.21　拆分设计后的剪力墙

件中的混凝土信息是完整的，但不包含钢筋信息。根据这些参数可以形成如图 3.18 和图 3.20 所示的拆分后预制构件。接着对已拆分的预制构件进行配筋设计，形成如图 3.19 和图 3.21 所示的拆分设计后预制构件，构件中包含完整的混凝土信息以及钢筋信息。

3.3.4　装配式建筑指标统计分析

（1）预制装配率

装配式建筑专项指标统计计算应根据 BIM 模型输出相关计算数据、表格等，可以提供的统计数据包括：标准化户型面积及数量，标准化户型应用比例；竖向预制构件数量、重量、体积等，竖向预制构件应用比例；水平预制构件数量、水平投影面积等，水平预制构件应用比例；预制外墙长度，预制外墙非砌筑、免抹灰长度，预制外墙非砌筑、免抹灰比例；预制内墙长度，预制内墙非砌筑、免抹灰长度，预制内墙非砌筑、免抹灰比例等。

鉴于国内各地区衡量装配式建筑指标方式有多种，如装配率、预制率、预制装配率等，本书选取江苏省装配式建筑预制装配率指标进行研究分析。依据最新颁布的《江苏省装配式建筑预制装配率计算细则》要求，预制装配率计算权重系数分类如表 3.6 所示，预制装配率计算分项 Z1、Z2、Z3 技术配置选项如表 3.7 所示。

表3.6　预制装配率计算权重系数α_i分类

分类	α_1	α_2	α_3
装配整体式框架	0.5	0.3	0.2
装配整体式框架 + 防屈曲式支撑			
装配整体式框架 + 现浇剪力墙（现浇核心筒）			
装配整体式剪力墙结构	0.5	0.2	0.3
装配整体式部分框支剪力墙结构			

注：预制装配率 $= \sum_{i-1}^{3}(\alpha_i Z_i)+S$

表3.7　预制装配率计算分项Z1、Z2、Z3技术配置选项

参数	技术配置选项	装配整体式框架	装配整体式剪力墙（住宅）
Z1 主体结构和外围护结构预制构件的预制装配率	预制柱	●	
	预制梁	●	●
	预制叠合板	●	●
	预制密肋空腔楼板	●	
	预制阳台板	●	●
	预制空调板	●	●
	预制楼梯板	●	●
	混凝土外挂墙板	●	●
	预制女儿墙	●	●
	预制外剪力墙		●
	预制夹心保温外墙板		●
	预制双层叠合剪力墙板		●
	预制内剪力墙板		●
	PCF 混凝土外挂墙板		●
	预制混凝土飘窗板		●
Z2 整栋建筑中装配式内外维护构件的预制装配率	单元式幕墙	●	
	蒸压轻质加气混凝土墙板	●	●
	GRC 墙板	●	
	玻璃隔断	●	
	木隔断墙	●	
	轻钢龙骨石膏板隔墙	●	●
	钢筋陶粒混凝土轻质墙板	●	●
	蒸压加气混凝土外墙系统	●	●
Z3 整栋建筑中工业化内装部品的预制装配率	集成式厨房	●	●
	集成式卫生间	●	●
	装配式吊顶	●	●
	楼地面干式铺装	●	●
	装配式墙板（带饰面）	●	●
	装配式栏杆	●	●

基于 BIM 技术开发预制装配率计算程序，实现了一次输入建模，按分类导出统计文本，提高了计算效率和统计精准度，便于预制装配率的审查复核。

对于装配式剪力墙体系和装配式框架体系，预制装配率指标通过 BIM 模型进行统计复核。经多项装配式住宅实际实施的装配式技术方案及对应的预制装配率统计数据分析，为达到不同的预制装配率指标，总结了常规需应用的装配式技术措施，其组成分析如表 3.8 和表 3.9 所示：

表3.8　装配式剪力墙体系预制装配率指标对应技术措施分析

	主体结构					围护体系			内装体系			预估预制装配率
装配式技术措施	预制剪力墙	预制梁	预制叠合楼板	预制楼梯	预制阳台预制空调板	预制混凝土外墙板	预制夹心保温外墙板	预制内隔墙	1.0 湿式装修	2.0 混合式装修	3.0 装配式装修	
第一代			√	√	√			√		√		35%
第二代			√	√	√	√		√		√		45%
第三代	√		√	√	√	√		√		√		55%
第四代	√		√	√	√		√	√			√	70%

表3.9　装配式框架体系预制装配率指标对应技术措施分析

	主体结构					围护体系				内装体系			预估预制装配率
装配式技术措施	预制剪力墙	预制梁	预制叠合楼板	预制楼梯	预制阳台预制空调板	预制混凝土外墙板	预制夹心保温外墙板	幕墙或轻型组合外墙	成品内隔墙	1.0 湿式装修	2.0 混合式装修	3.0 装配式装修	
第一代			√	√	√				√		√		35%
			√	√	√			√	√		√		50%
第二代		√	√	√	√				√		√		43%
		√	√	√	√			√	√		√		58%
第三代	√	√	√	√	√				√		√		50%
	√	√	√	√	√			√	√		√		65%
第四代	√	√	√	√	√	√			√				70%
第五代	√	√	√	√	√		√		√		√		75%

（2）工程量计算

BIM 模型可全过程应用于装配式建筑的工程量统计计算，其应用内容和深度分层递进。在招投标阶段，依据完整的 BIM 模型，由建设单位制作工程量清单。在初步设计阶段，对已确认的方案 BIM 模型进行深化，配合 BIM 专用工程算量软件，进行工程概算编制。在施工阶段，对招投标 BIM 模型进行深化，根据施工进度计划和施工现场情况，对加入时间轴和资金流的 5D 维度 BIM 模型进行施工造价进度模拟，帮助建设单位在施工过程中进行动态成本管理、动态工程量监控以及编制工程预算。图 3.22 为 5D 施工模拟动画。

通过 BIM 施工模型的动态管理，优化资源配置，提升装配式建筑项目成本管理实效。在竣工结算阶段，基于 BIM 竣工模型，统计得出最终的实际建设工程量数据。在整个项目建设过程中，BIM 模型统计数据的无缝流转和贯穿使用是实现高效、准确工程量计算的关键。

图 3.22　5D 施工模拟动画

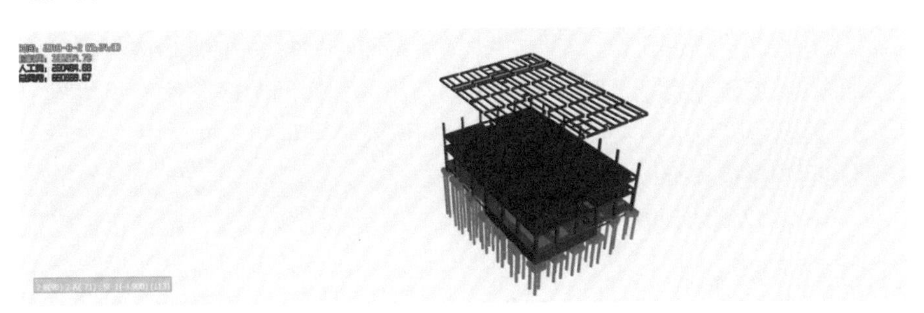

3.3.5　地下空间设计

对于装配式建筑，除地上主体建筑部分以外，地下空间虽然较少使用预制构件，但设计复杂度高，作为隐蔽工程，也是需重点关注的内容。特别是较为复杂的人防区域，不允许后期二次开洞，对管线预留预埋要求较高。在三维可视化场景下进行地下室 BIM 管线优化，在满足空间区域净高要求的前提下，还必须充分考虑施工安装空间、检修空间、设备进场顺序等施工建造、运维管理过程中的实际情况。对地下室设备终端和搬运路由进行精确定位及模拟，出具预留预埋图纸用于指导现场施工。对于地下室车位和车道进行空间优化设计，BIM 管线综合应尽量满足车道上空管线最少，同时保证普通车位和机械车位满足最低净高要求，实现设备管线最优化排布，如图 3.23、3.24 所示。

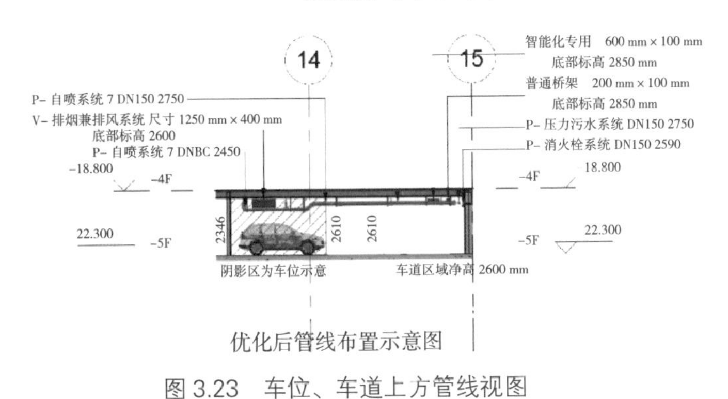

图 3.23　车位、车道上方管线视图

图 3.24　车位、车道上方管线优化后视图

3.4 施工图设计

装配式建筑施工图设计阶段应按照初步设计阶段制定的技术措施进行深化设计。各专业根据预制部品部件、设备设施等技术性能参数，在施工图设计中满足相关专业深化设计要求。优先采用主体结构集成技术、外围护结构集成技术、室内装饰装修集成技术、机电设备集成技术等一体化集成技术应用。

3.4.1 碰撞检测分析

施工图设计阶段的碰撞检测依据各专业施工图,以及预制构件拆分图、装配图和预制构件深化设计图纸。碰撞检测重点包括：土建结构与机电设备及管线间的碰撞检查；建筑结构主体与室内装修间的碰撞检查；集成卫生间、集成厨房与结构主体间的碰撞检查以及节点优化；单元式幕墙与主体结构间的碰撞检查以及节点优化等。

装配式建筑的预制构件从设计到生产以及施工的过程，精细化程度很高。在设计或生产过程中，如果构件本身及伸出钢筋的位置尺寸出现允许范围之外的偏差，在安装施工过程中就会出现构件安装困难或连接不上的问题。另外，安装还必须考虑施工顺序，有时不同的构件或钢筋位置在完成状态并不冲突，但由于实际施工中不同构件的安装有先后顺序，如未仔细核查，很容易出现到工地现场无法安装的问题。二维平面图很难反映不同构件的空间关系，而采用 BIM 模型进行预制构件碰撞检测分析，则很容易发现各个构件模型之间的冲突问题。

针对装配式建筑,将预制构件 BIM 模型参照设计要求并结合施工顺序，在装配式建筑施工图 BIM 模型上进行拼装模拟，开展碰撞检测，其报告如图 3.25 所示。碰撞检测重点包括：预制构件与现浇结构之间的碰撞检查；预制构件与预制构件间的碰撞检查；预制构件与机电管线间的碰撞检查；预制构件预留预埋套管间的碰撞检查；施工过程中装配式模板与预制构件间的碰撞检查；施工支撑加固体系与预制构件间的碰撞检查；施工支撑加固体系与装配式模板间的碰撞检查等。通过 BIM 模型的模拟拼装，在拼接位置进行碰撞检测，是对施工安装的预建造过程，将施工过程中可能遇到的问题前置，避免施工现场返工。

Autodesk Navisworks 碰撞报告

机电与土建碰撞	公差	碰撞	新建	活动的	已审阅	已核准	已解决	类型	状态
	0.001m	41188	41188	0	0	0	0	硬碰撞	确定

								项目 1				项目 2			
图像	碰撞名称	状态	距离	网格位置	说明	找到日期	碰撞点	项目 ID	图层	项目 名称	项目 类型	项目 ID	图层	项目 名称	项目 类型
	碰撞1	新建	-1.743	4-3-d3-H : -3.9（自行车夹层）	硬碰撞	2018/10/20 11:17.40	x:87.275、 y:26.210、 z:-3.500	*元素 ID*: 20923201	-1F(-5.7)	带配件的电缆桥架	线	*元素 ID*: 3088309	-1F(-5.7)	C_砼-加气砌块	实体

图 3.25 碰撞检测报告

在装配式建筑的施工图设计过程中，基于 BIM 模型对预制构件与设备管线之间、各设备系统管线之间等各类碰撞冲突进行数量统计和定位显示，如图 3.26 所示。设计师可逐一选择碰撞点进行三维可视化查看，并通过调整冲突构件的方式有效解决碰撞问题。同时，根据 BIM 碰撞检测分析报告完成各专业施工图的设计修改，以及预制构件的深化设计。从而在施工图设计阶段发现并解决各类碰撞冲突问题，保证后续施工的顺利进行。

图 3.26　碰撞检测定位查看

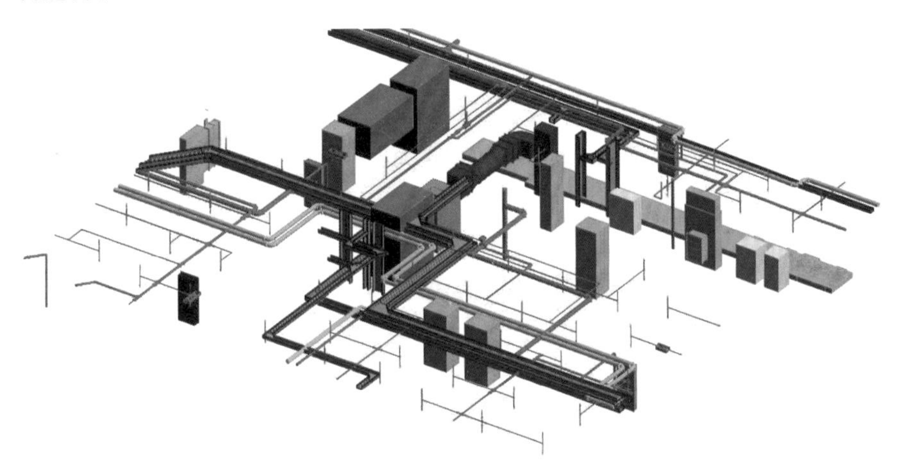

3.4.2　管线综合优化

在传统设计中，施工图设计阶段机电各专业图纸分开设计，造成现场管线交叉，各类管线及其支吊架错综复杂，管线相互碰撞甚至无法安装的情况时有发生。在施工过程中常常造成返工浪费、观感质量差、进度延迟等问题。在施工图设计阶段利用 BIM 模型进行机电管线综合优化，较二维软件能更直观高效地对各专业管线进行合理排布及空间定位，达到节省层高、减少翻弯、降低成本、提高观感的目的。

在装配式建筑施工图设计过程中进行管线综合优化，首先，需建立企业级的机电设备族库，如图 3.27 所示。在建立产品库时，注意机电专业的相关构件需对照设计图集进行修改，使其设计尺寸及材质等信息满足要求。有了完整的产品库以后，能够极大地提高设计效率，同时保证了项目的设计质量，使得管线综合的设计成果更准确。

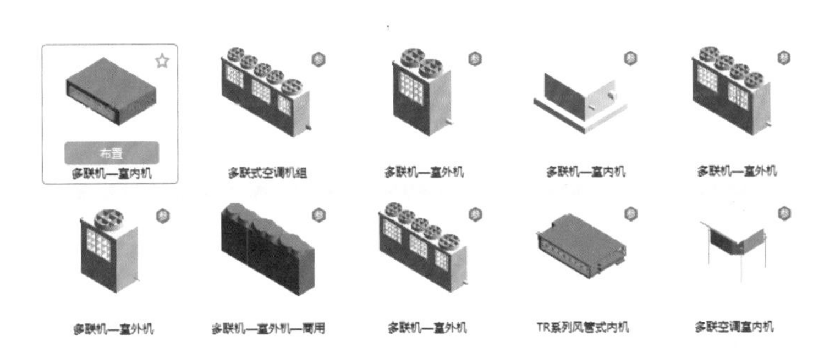

图 3.27　企业机电设备族库示意

其次，进行管线综合优化需明确设计原则。机电管线综合优化需满足设计及施工规范，同时要满足使用要求，兼顾施工方便、节省成本及美观性。所以一般要求遵守以下基本原则：

1）预留支吊架空间、安装操作空间、设备管线检修空间。

2）水管避让风管、小管避让大管、有压管避让无压管、低压管避让高压管、金属管避让非金属管、附件少的管道避让附件多的管道。

3）各种管线在同一处布置时，应尽可能做到呈直线、互相平行、不交错，紧凑安装，干管上引出的支管尽量从上方（或下方）安装，尽量使高度、方位保持一致。

4）穿梁管道的套管设置需满足结构规范要求。

5）设计无特殊说明的桥架，其上方最少要预留 100 mm 放线及盖板空间，桥架不宜布置在水管正下方及热水管线、蒸气管线正上方。大尺寸桥架应尽量减少翻弯。

6）管线与卷帘门尽量绕行，如需穿越卷帘门上方，应预留合理空间。

7）给水与污水管路间距需满足规范要求。给排水管道不应穿越变配电房、电梯机房、通信机房等。

按照以上原则，基于 BIM 模型进行管线综合优化，如图 3.28 所示。

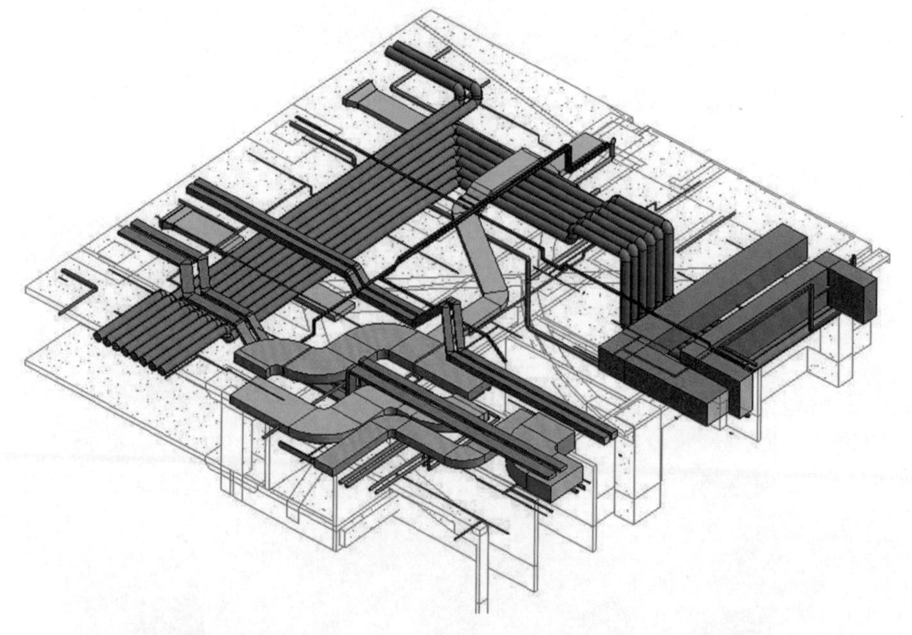

图 3.28 管线综合优化

再者，在装配式建筑中，进行管线综合优化需充分考虑机电管线与预制构件之间的碰撞。由于所有构件都是在工厂预制完成的，这就要求在设计中充分考虑机电管线与土建预制构件之间的碰撞，避免在装修阶段对预制构件进行开凿，破坏预制构件结构的稳定性。基于 BIM 技术的自动化、可视化的碰撞检查功能为管线综合优化提供了便捷可行的方法。

3.4.3　预留预埋设计

由于装配式建筑采用干式工法，在管线综合优化成果确认后，需对照土建预制构件 BIM 模型，进行预埋件、预埋管、预埋螺栓以及预留孔洞的预留预埋设计。预留预埋深化设计应根据相关专业设计要求及施工安装需求，在主体模型及预制构件模型上，对机电点位、洞口、临时加固点及吊装点等预留预埋进行深化，正确反映预留预埋点位与预埋件的位置、形状、尺寸和材质。

在预留预埋设计中，所有穿墙、穿楼板管道都需要在图纸中进行准确定位，并将图纸一并提交给预制构件加工企业，在构件生产加工过程中即完成预埋件的设置。由于装配式建筑进行工厂化批量生产，对管线及预埋件的预留预埋前置要求非常高，否则造成的损失比现场开洞的成本更高。结构梁预留洞平面图如图 3.29 所示，楼板预留洞平面图如图 3.30 所示。

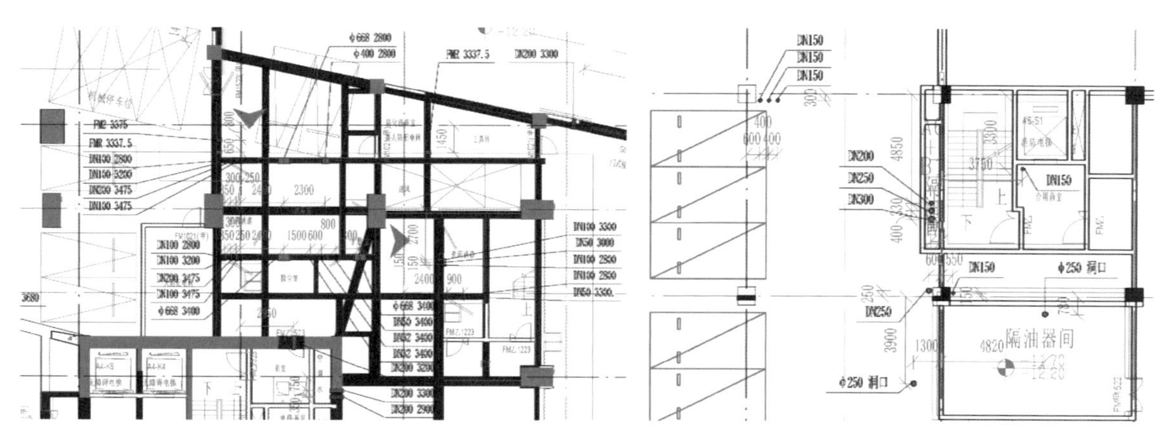

图 3.29　结构梁预留洞平面图

图 3.30　楼板预留洞平面图

3.4.4　三维设计二维表达

在装配式建筑设计中，由于设备系统繁多，常常出现管线与预制构件之间以及管线与管线之间发生碰撞，对预制构件的预留预埋设计和建筑室内净高控制都造成很大的困扰。传统设计只能通过二维图纸反映各专业的设备管线排布，各专业管线在平面图进行叠加，即使借助剖面图，也难以有效反映管线的相对空间位置，对管线标高的确定缺少直观有效的判断。这种二维设计方法难以对建筑进行全面分析，所进行的局部管线处理经常考虑不到管线的整体布置和连贯性，顾此失彼。且“平面 + 局部剖面”的出图成果单一，对于复杂节点表达困难。

基于 BIM 技术的三维设计是对整个建筑设计的模拟预演，建模的过程也是对建筑全面的“预建造”过程，可将大部分施工问题前置发现，减少“错、漏、碰、缺”。其优势具体体现在以下几点：

1）建筑的设计、施工、运维全生命阶段都在可视化的场景下完成，直观便捷。

2）各专业协同设计，将各类构件的碰撞冲突问题前置发现并解决，提高设计质量。

3）可实现对建筑模型的 3D 物理模拟，加入了时间轴的 4D 施工模拟，加入了资金流的 5D 造价控制模拟，在装配式建筑全生命周期为各参与方提供了信息化的数据交互平台。

由于现阶段的审图要求以及施工建造方式所限，基于三维可视化场景的 BIM 正向设计仍然要以二维图纸的形式表达设计意图及交付成果，并据此指导施工。BIM 技术“图模联动”的自动化出图功能为设计师提供了高效的出图工具，在有限的设计周期内让各专业设计人员将更多时间和精力投入到专业创作和设计当中，实现三维设计的二维表达，如图 3.31 至图 3.36 所示。同时，借助漫游、动画、VR 场景等可视化成果开展施工辅助，可有效提高装配式建筑的施工建造质量。

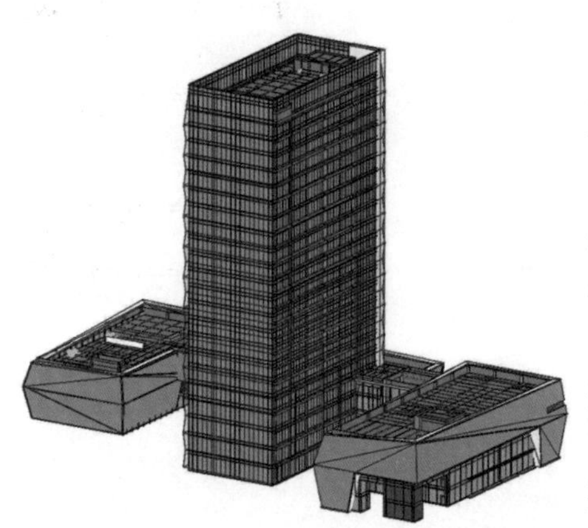

图 3.31　南京江北新区管委会大楼 BIM 模型

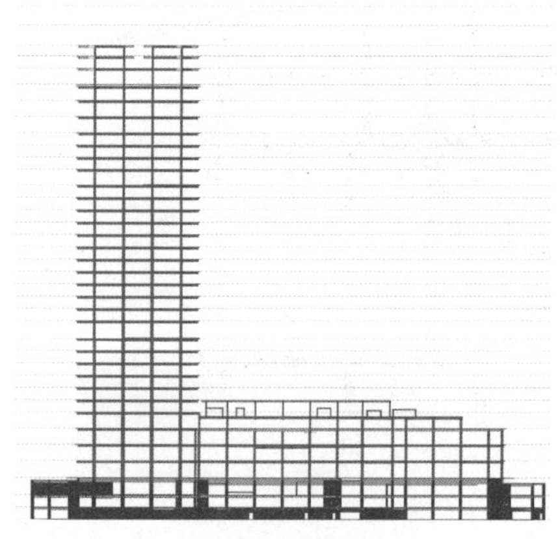

图 3.32　剖面图

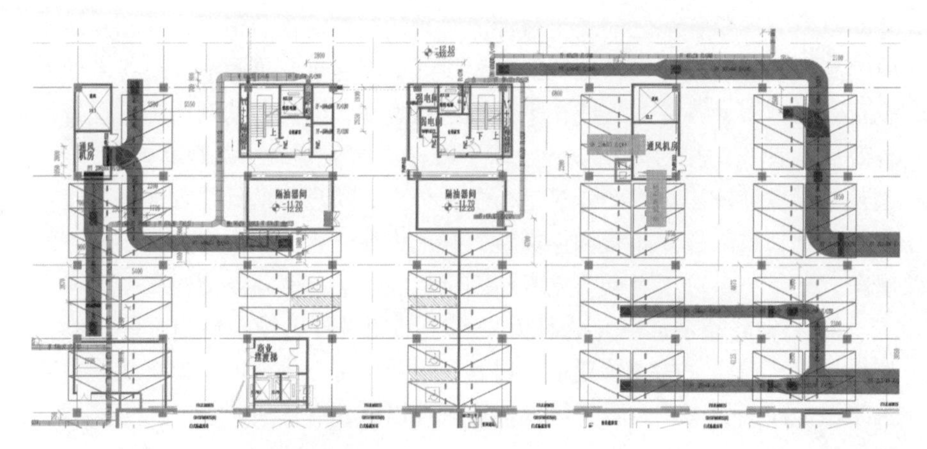

图 3.33　风管平面图

图 3.34　自喷平面图

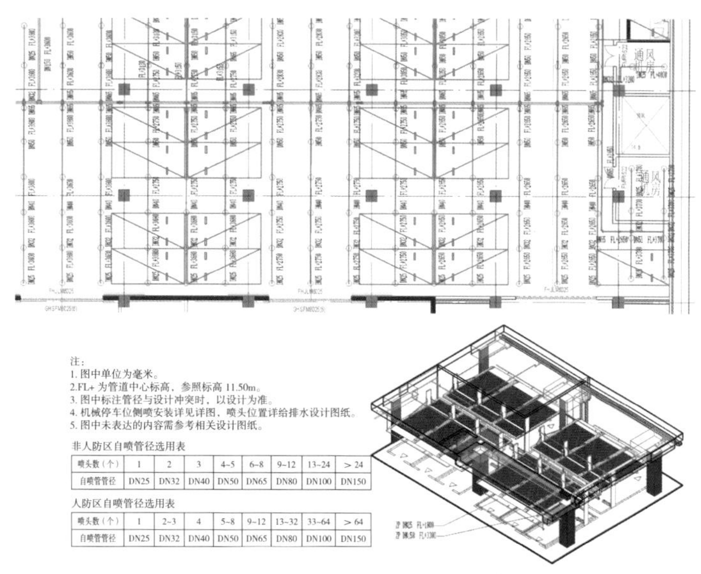

注：
1. 图中单位为毫米。
2.FL+ 为管道中心标高，参照标高 11.50m。
3. 图中标注管径与设计冲突时，以设计为准。
4. 机械停车位侧喷安装详见详图，喷头位置详给排水设计图纸。
5. 图中未表达的内容需参考相关设计图纸。

非人防区自喷管径选用表

喷头数（个）	1	2	3	4~5	6~8	9~12	13~24	＞24
自喷管管径	DN25	DN32	DN40	DN50	DN65	DN80	DN100	DN150

人防区自喷管径选用表

喷头数（个）	1	2~3	4	5~8	9~12	13~32	33~64	＞64
自喷管管径	DN25	DN32	DN40	DN50	DN65	DN80	DN100	DN150

机械停车位侧喷安装详图

图 3.35　车道净高分析图

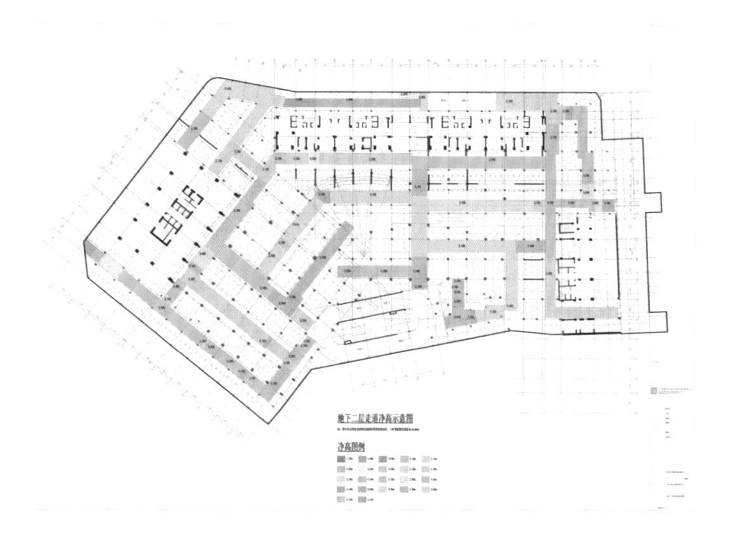

图 3.36　车位净高分析图

3.5 深化设计

装配式建筑基于 BIM 施工图设计模型，开展结构体系深化设计，包括预制构件深化设计、连接节点深化设计、预制构件大样出图。外围护体系深化设计，包括单元式幕墙和外围护墙板深化设计。机电体系深化设计，包括管线综合优化、设备选型、设备布置、支吊架设计、各类预留预埋定位、参数复核计算。装修体系深化设计，包括对装修产品库及模型的建立。通过装配式建筑的深化设计，确保工程的精益建造，也为工程全生命周期的数字化交付奠定基础。从全产业链角度看，BIM 技术在深化设计中的应用更好地整合了各专业对预制构件及装配式建筑技术体系的要求。

3.5.1 结构体系深化设计

在装配式混凝土结构体系深化设计过程中，BIM 技术可应用于预制构件平面布置、预制构件拆分、预制构件深化设计，以及预制和现浇节点深化设计等各环节。基于施工图 BIM 模型以及预制构件拆分方案、施工工艺方案等创建结构体系 BIM 深化设计模型，除施工图设计模型元素外，还应包括预埋件、预埋管、预埋螺栓以及预留孔洞，节点连接的材料、连接方式、施工工艺等，以及预制混凝土构件安装设备及相关辅助设施等类型的模型元素。根据 BIM 深化设计模型进行预制构件拆分、预制构件设计计算、节点设计计算、预留孔洞及预埋件设计、模型的碰撞检查、深化设计图生成、施工工艺的碰撞检查以及安装可行性验证等。预制装配式混凝土结构深化设计 BIM 应用成果包括深化设计模型、碰撞检查分析报告，以及连接节点、预制构件深化设计图和计算书、工程量清单等。结构体系深化设计模型其精细度应满足设计、生产、施工的基本要求，还应满足成本控制、安装工艺、预留预埋、复杂节点构造模拟等控制性要求。

（1）预制构件深化设计

预制构件深化设计涉及生产、运输、存放和施工等多个建设环节，需协调建筑、结构、机电等多专业的预留预埋条件，是装配式建筑深化设计的核心环节。在预制构件平面布置图的基础上，通过深化设计形成预制构件加工图，反映预制构件几何尺寸、构造节点、水电管线预留预埋、结构配筋等几何信息及非几何信息。深化设计前需根据各种外部条件确认预制构件深化设计精度等级。住宅项目和公建项目的预制构件深化设计条件需提前进行确认，如表 3.10 和表 3.11 所示。

通过 BIM 技术可使预制混凝土构件深化设计更加直观，降低深化设计难度。预制构件深化设计 BIM 模型能够自动统计预制构件材料用量（模具尺寸、钢筋、预埋件信息、数量等），方便预制构件生产准备阶段的物料采购、预制构件生产阶段的精度把控、预制构件存放运输阶段的合理规划及统筹调配。

BIM 技术可有效提高预制构件深化设计效率，提高深化设计工作的准确性和可靠性，BIM 软件可三维立体展示预制构件在工程施工中的节点安装方式，且可以 BIM 软件直接出图。这种先进的生产方式摒弃传统二维平面 CAD 绘图的弊端，利用 BIM 软件实现高效快捷的深化设计工作，减少人为错误。

表3.10　预制构件深化设计条件确认表(住宅项目)

<table>
<tr><td>项目名称</td><td colspan="3">南京 NO.2018G50 项目示例</td><td>项目概况</td><td>装配式结构体系：装配整体式剪力墙结构
预制装配率：50%</td></tr>
<tr><td>类别</td><td>列项</td><td colspan="2">内容</td><td>项目选择</td><td>备注说明</td></tr>
<tr><td rowspan="5">一般项</td><td>▲构件原则</td><td colspan="2">预制构件重量控制上限</td><td></td><td>涉及塔吊选型
对于重型构件确认是否采用分段</td></tr>
<tr><td rowspan="4">埋件原则</td><td>施工</td><td>电梯、塔吊附墙件等预留预埋</td><td></td><td>位置、间距、反力等</td></tr>
<tr><td>生产</td><td>梁柱现场安装用吊环，构件厂脱模选用成品内埋式螺孔</td><td></td><td>现场用吊环，方便吊装过程控制
内埋式螺孔不影响后续使用</td></tr>
<tr><td>幕墙</td><td>幕墙预埋件点位提前提资，采用全部预埋形式</td><td></td><td>跨层幕墙，拉索幕墙，大悬挑雨棚等受力较大的幕墙形式，预埋件提前预埋到位</td></tr>
<tr><td>精装</td><td>机电采用明敷方式，栏杆预埋件预留</td><td></td><td>安装点位尽量避开预制墙部分，若无法避开，需提前提资</td></tr>
<tr><td rowspan="4">剪力墙</td><td>★灌浆套筒选型</td><td colspan="2">全灌浆套筒 / 半灌浆套筒
钢筋级别 (HRB400/500)
钢筋直径范围 (最小值 / 最大值)</td><td></td><td>使用 HRB500 及以上的钢筋需要特殊注明
纵筋直径需与套筒厂家确认</td></tr>
<tr><td>夹心保温剪力墙连接件</td><td colspan="2">不锈钢连接件 /FRP 连接件</td><td></td><td>注意连接件选型</td></tr>
<tr><td>模板拉结件</td><td colspan="2">铝模模板拉结件</td><td></td><td>若定制模板，需提资</td></tr>
<tr><td>门窗</td><td colspan="2">预埋窗 / 预埋附框</td><td></td><td>预埋窗框有利于防水，需提前提资</td></tr>
<tr><td rowspan="2">阳台板</td><td>▲预制类型</td><td colspan="2">全预制阳台 / 叠合板阳台</td><td></td><td>全预制阳台需要预留顶筋</td></tr>
<tr><td>预埋</td><td colspan="2">预埋止水带</td><td></td><td>有利于防水</td></tr>
<tr><td rowspan="6">钢筋桁架叠合板底板</td><td>▲构件尺寸</td><td colspan="2">单方向尺寸限值</td><td></td><td>根据运输要求，一般至少一个方向控制在 2.5 m 左右</td></tr>
<tr><td>★节点类型</td><td colspan="2">板端不出筋 / 出筋
板侧密拼 / 留后浇段</td><td></td><td>板端不出筋需要 100 mm 厚叠合层
板侧留后浇段适用于住宅</td></tr>
<tr><td>★底板钢筋</td><td colspan="2">有无模数要求</td><td></td><td>若构件厂采用成品网片，会有 50 mm 的模数要求</td></tr>
<tr><td>叠合板类型</td><td colspan="2">施工阶段有无可靠支撑</td><td></td><td>叠合板按照施工阶段有支撑设计</td></tr>
<tr><td>预留预埋</td><td colspan="2">预留预埋的具体要求，开关盒材质及大小</td><td></td><td>需要明确是否落实精装修设计图纸</td></tr>
<tr><td>起吊方式</td><td colspan="2">吊具 / 桁架钢筋起吊</td><td></td><td>桁架钢筋起吊节约成本，吊具起吊有利于吊装质量控制</td></tr>
<tr><td rowspan="2">楼梯、空调板</td><td>栏杆做法</td><td colspan="2">钢埋件 / 预留孔洞</td><td></td><td>需栏杆厂家介入提资</td></tr>
<tr><td>★楼梯面层</td><td colspan="2">预制楼梯是否需要含面层</td><td></td><td>建议含面层，需要加强成品保护</td></tr>
</table>

注：表中带★的列项需在结构设计开始时确认，带▲的项目需在预制构件拆分设计开始时确认，其余项目需在预制构件详图开始时确认。

表3.11 预制构件深化设计条件确认表(公建项目)

项目名称	浦口科学城社区服务中心项目示例			项目概况	装配式结构体系：装配整体式框架结构，预制装配率：40%
类别	列项		内容	项目选择	备注说明
一般项	▲构件原则		构件重量控制上限		涉及塔吊选型 对于重型构件确认是否采用分段
	埋件原则	施工	电梯、塔吊附墙件等预留预埋		位置、间距、反力等
		生产	梁柱现场安装用吊环 构件厂脱模选用成品内埋式螺孔		现场用吊环方便吊装过程控制 内埋式螺孔不影响后续使用
		幕墙	幕墙预埋件点位提前提资，采用全部预埋形式		跨层幕墙，拉索幕墙，大悬挑雨棚等受力较大的幕墙形式，预埋件提前预埋
		精装	机电采用明敷方式 栏杆埋件预留		商业项目调改较大且无精装要求，机电及智能化点位可不预埋
		防雷	引下线利用钢筋 / 独立设置		利用钢筋节省空间和材料，预制柱制作和安装时需特别处理；防雷独立设置可以避免预制构件与防雷设备的交叉工作，减少预制柱类型，防止现场安装出错
框架柱	★灌浆套筒选型		全灌浆套筒 / 半灌浆套筒 钢筋级别 (HRB400/500) 钢筋直径范围(最小值 / 最大值)		对于使用 HRB500 及以上的钢筋需要特别注明。纵筋直径需与套筒厂家确认
	柱边牛腿		梁端柱边是否预留钢牛腿		柱边预留钢牛腿可节省一道支撑，但需安装和拆卸钢牛腿
	圈梁预留		圈梁、梯梁是否采用后植筋做法		圈梁、梯梁预留则需模具开孔，推荐后植筋做法
	模板用预留螺孔		是否预留用于柱核心区混凝土浇筑模板的预留螺孔		与木模还是定制钢模及模具对拉方式有关
框架梁	▲叠合梁类型		施工阶段有无可靠支撑		叠合梁按照施工阶段有支撑设计
	★灌浆套筒选型		采用水平灌浆套筒时套筒钢筋直径限值		对于使用 HRB500 及以上的钢筋需要特别注明
	边梁模板用预留螺孔		边梁是否设置用于边模的预埋螺孔		边梁叠合层浇筑时支边模
	梯柱钢筋预留		梯柱钢筋预留或后植筋		梯柱钢筋可预留，从梁表面伸出，伸出过长会对生产和运输不利
	▲构件特殊形状		预制梁顶部是否设置凹槽		凹槽可兼做边模，但对构件生产和成品保护不利
次梁	▲叠合梁类型		施工阶段有无可靠支撑		叠合梁按照施工阶段有支撑设计
	边梁模板预留螺孔		边梁是否设置用于边模的预埋螺孔		用于边梁叠合层浇筑时支边模
钢筋桁架叠合底板板	▲构件尺寸		单方向尺寸限值		根据运输要求，一般至少一个方向控制在 2.5 m 左右
	★节点类型		板端不出筋 / 出筋 板侧密拼 / 留后浇段		板端不出筋需要 100 mm 厚叠合层 板侧密拼适用于对板底裂缝要求不严格的房间
	★底板钢筋		有无模数要求		若构件厂采用成品网片，会有 50 mm 的模数要求
	叠合板类型		施工阶段有无可靠支撑		叠合板按照施工阶段有支撑设计
	预留预埋		预留预埋的具体要求，开关盒材质及大小		需要明确是否需要落实精修设计图纸
	起吊方式		吊具 / 桁架钢筋起吊		桁架钢筋起吊节约成本，吊具起吊有利于现场吊装质量控制

续表 3.11

项目名称	浦口科学城社区服务中心项目示例		项目概况	装配式结构体系：装配整体式框架结构，预制装配率：40%
类别	列项	内容	项目选择	备注说明
双 T 板底板	主筋选型	选用预应力钢绞线 / 钢丝		可选预应力钢丝和预应力钢绞线
	★业态分布	餐饮业态对双 T 板布置要求		设计已预留餐饮洞口，不影响现有洞口，每个餐饮业态均预留非双 T 板区域供改造用，其他位置双 T 板布置不受业态影响
	★双 T 板选型	长度上限		图集中最大跨度 24m，结合工程结构布置、运输条件、吊装条件确认本工程最大限值
楼梯空调板	栏杆做法	钢埋件 / 预留孔洞		需栏杆厂家介入提资
	★楼梯面层	预制楼梯是否需要含面层		建议含面层，需要加强成品保护

注：表中带★的列项需在结构设计开始时确认，带▲的项目需在预制构件拆分设计开始时确认，其余项目需在预制构件详图开始时确认。

使用 BIM 软件对预制构件进行深化设计，不仅可实现更便捷实用的深化设计操作流程，如图 3.37 至图 3.39 所示为预制楼梯板、预制叠合板、预制外墙板等可实现简单的参数化建模，并且可基于深化设计图，构建较为直观的三维模型，为参建者提供可视化的预制构件示意和装配安装交底方法。

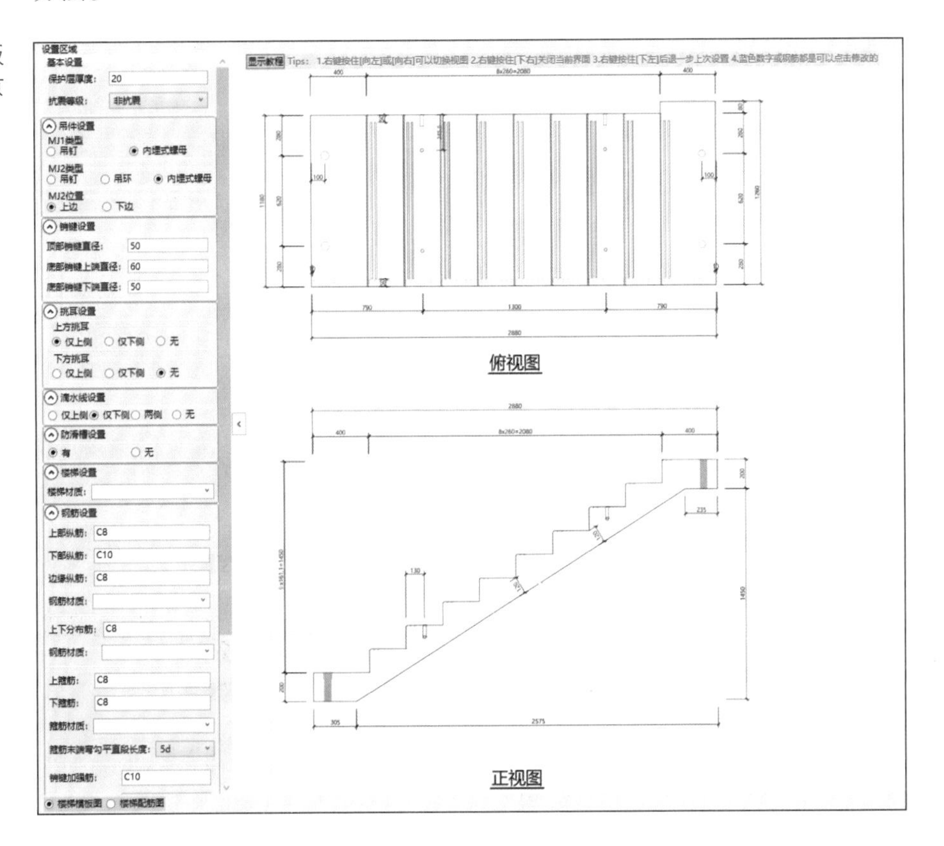

图 3.37　预制楼梯板深化设计建模（南京 NO.2018G50 项目）

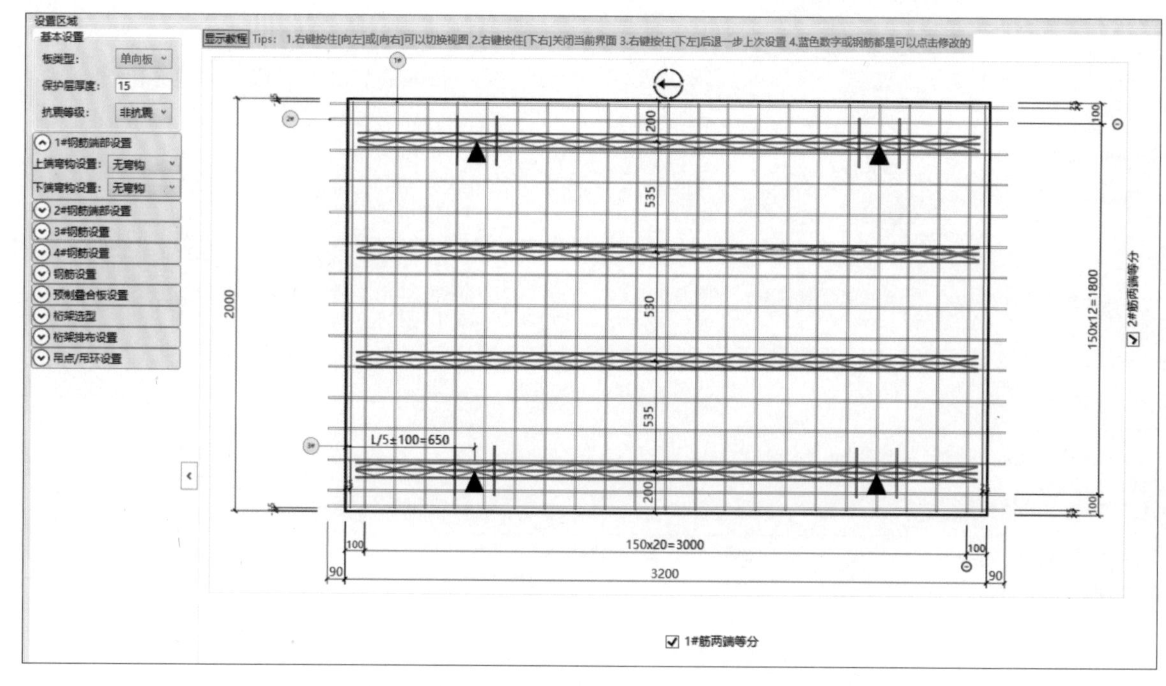

图 3.38　预制叠合板深化设计建模（南京 NO.2018G50 项目）

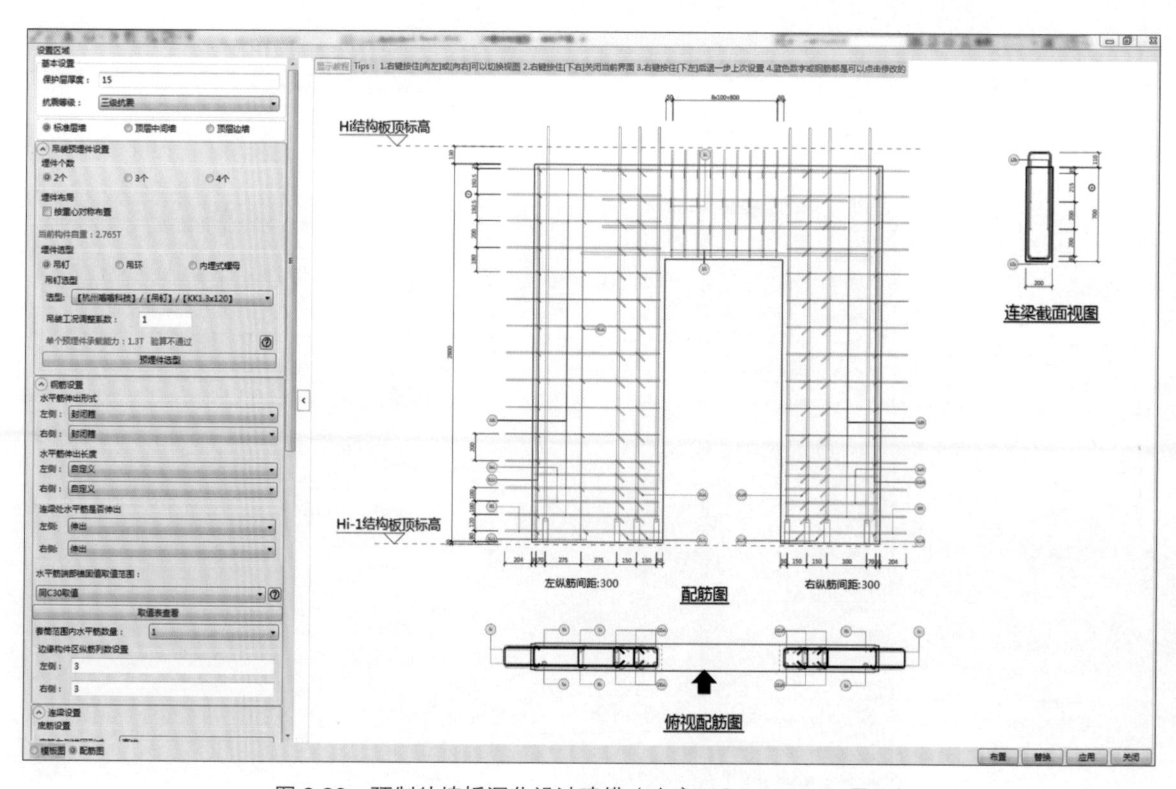

图 3.39　预制外墙板深化设计建模（南京 NO.2018G50 项目）

（2）连接节点深化设计

深化设计中另一个重要的环节是装配式混凝土结构的各种预制构件之间、预制构件和现浇部位之间等连接节点设计，特别是框架结构各类钢筋种类较多，在梁柱节点区域处的钢筋避让问题比较复杂。如框架中间层中柱节点核心区域，在平面的四个方向上会有梁预留的钢筋，在竖直方向上还有上下两层柱子的钢筋需要协调，协调这些位置的钢筋碰撞问题尤为困难。

此类问题的解决可依托 BIM 技术对连接节点进行 BIM 深化设计建模，按照施工图设计中节点部位的构件尺寸、钢筋直径、钢筋数量和位置等参数，对预制构件生产和施工过程进行三维模拟，通过碰撞检测进行复核，对钢筋进行调整优化，最终确定构件连接方式和节点连接构造，完成构件深化图的生成和节点深化图的生成等工作。

预制构件在工厂事先加工生产，若在设计过程中未考虑构件与构件之间的碰撞问题，可能会导致构件在现场无法安装，不仅浪费成本，还会对工期造成极大影响。所以有必要在构件深化阶段应用 BIM 模型进行碰撞检查，尽早发现问题，便于设计调整方案。常见的预制构件连接节点碰撞检测部位如表 3.12 所示。

表3.12　预制构件连接节点碰撞检测部位

序号	位置描述	影响净高常见原因
1	叠合板与预制梁	叠合板出筋与预制梁箍筋间碰撞
2	叠合板与叠合板	双向板接缝处钢筋间碰撞
3	预制梁与预制梁	预制梁底筋间碰撞
4	预制梁与预制柱	预制梁底筋与预制柱纵筋碰撞
5	预制剪力墙与预制剪力墙	预制剪力墙水平分布筋间碰撞
6	现浇层与预制层转换层插筋	现浇层插筋预留位置不准确
7	预制楼梯与梯梁插筋	梯梁插筋预留位置不准确
8	预制梁与剪力墙	预制梁底筋与剪力墙纵筋间碰撞

1）预制墙板与叠合板连接节点

预制叠合板与上下层预制墙板的安装连接节点，如图 3.40 所示，可通过 BIM 模型完成上下层预制墙板和叠合板建模后的模拟预拼装，复核预制墙板与叠合板的相对空间位置关系，复核降板区域以及预制墙板顶预留豁口尺寸。另外，对预制墙板及叠合板上的剪力墙斜支撑预埋件的预留位置和数量进行复核，同时对预制墙板和预制叠合板上的手孔、线盒、线管、模板预埋件等点位进行三维校核，可直观地校核预制墙板钢筋是否与叠合板钢筋发生碰撞。

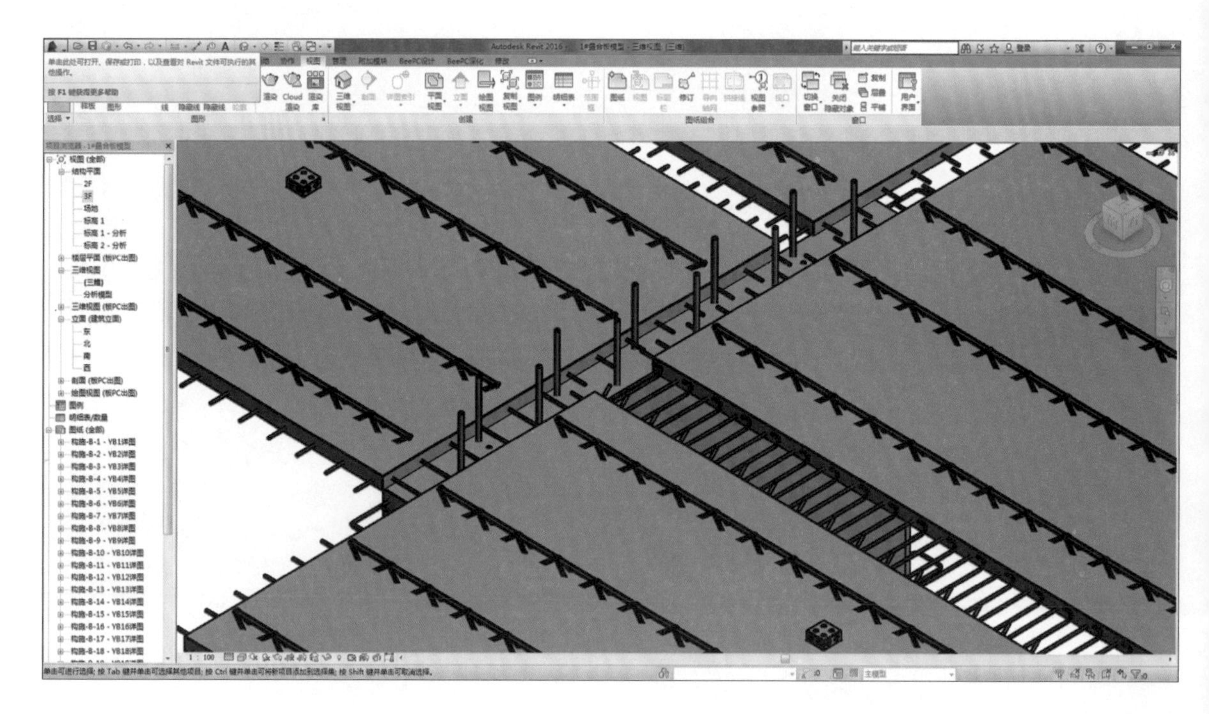

图3.40 预制墙板与叠合板连接节点建模示意图（南京 NO.2018G50 项目）

2）预制楼梯连接节点

通过建立 BIM 模型对预制楼梯板及预制楼梯隔板进行预拼装，按照施工图设计节点校核各预留预埋点位条件，如预埋栏杆埋件、脱模埋件、吊装埋件等是否满足设计要求。

3）预制框架梁柱连接节点

如图 3.41 所示，预制框架梁柱节点在各类预制构件施工过程中其安

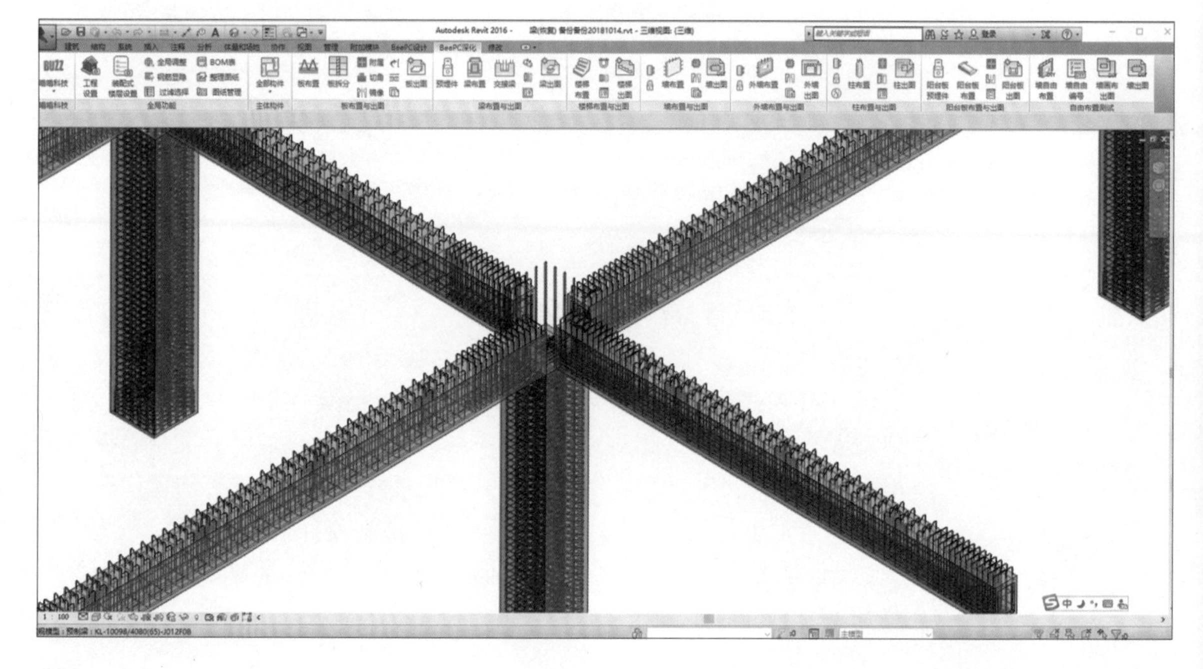

图 3.41 预制框架梁柱连接节点建模示意图（浦口科学城社区服务中心项目）

装工艺最为复杂，钢筋避让最容易出现问题。吊装预制柱时灌浆套筒需与下层预制柱出筋对齐并调整垂直度。吊装预制梁时，需与预制柱钢筋进行三维空间上的避让，尤其是四根框架梁交汇处，梁 - 柱钢筋碰撞、梁 - 梁钢筋碰撞问题都需提前考虑。连接节点区施工操作空间较小，需利用 BIM 技术提前模拟预制构件吊装顺序，解决预制框架梁柱连接节点区钢筋碰撞问题。

4）预制与现浇连接节点

预制构件模型应正确反映构件出筋、预留孔洞及其他设计要求或施工措施所需的机电点位、洞口。现浇部位中的钢筋模型深化，应按设计要求对主体钢筋进行划分，且应正确反映位置、形状、尺寸和连接形式。连接部位应按设计要求及施工工艺特点，创建定位零件、支撑零件、防漏浆措施组件等模型，并注明安装及拆除要求等关键信息。

（3）预制构件大样出图

如图 3.42，为了满足预制构件厂生产要求，现阶段预制构件设计成果仍然以二维大样图纸交付。传统设计制作的预制构件大样图纸种类繁多，在设计周期中占据了大量时间。基于 BIM 三维预制构件模型，可自动生成构件的平面图、立面图、剖面图、三维轴测视图等设计成果，其线条表达更加清晰准确。针对设计过程中反复修改的情况，亦可实现模型与图纸、表格的联动，同步修改，避免图纸、钢筋算量表等出图成果与设计图纸不符合的现象。

图 3.42　预制构件大样图（浦口科学城社区服务中心项目）

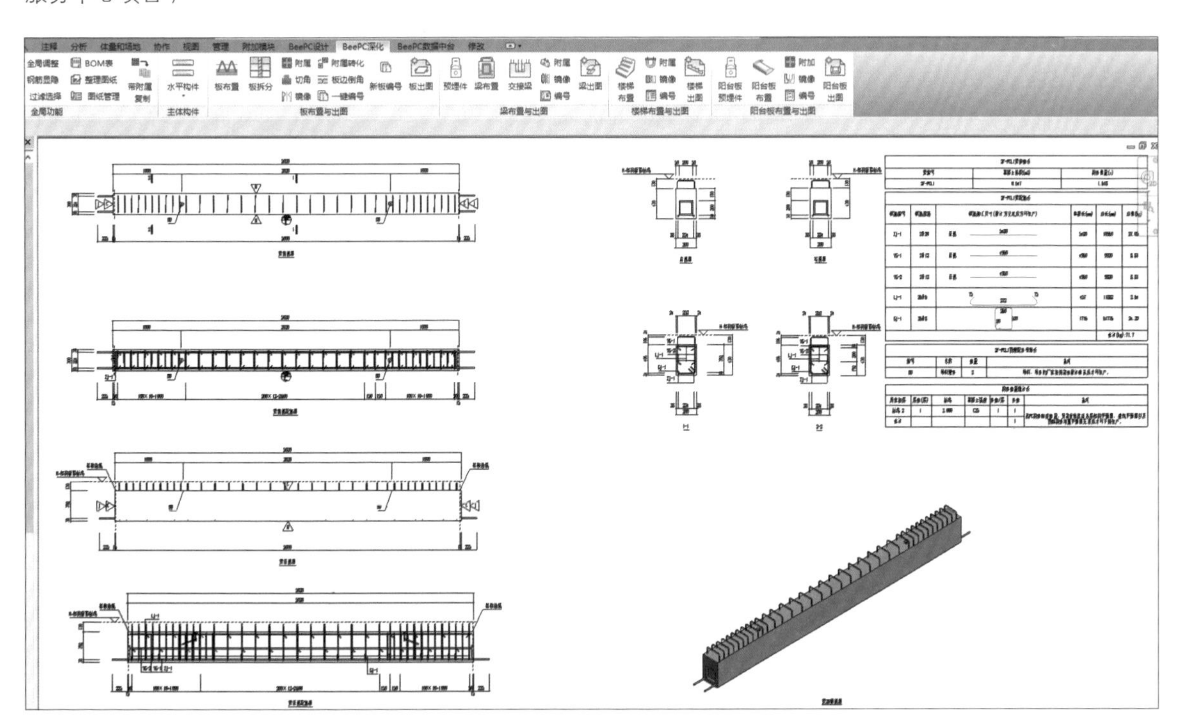

3.5.2 外围护体系深化设计

（1）单元式幕墙

单元式幕墙作为装配式建筑外围护体系的重要构成方式，其 BIM 模型深化设计内容应包含主材、辅材及零件。其中主材包括面材、龙骨等主要系统构成材料，辅材包括转接件、埋件、阴影盒衬板、胶条、封修板等次要系统构成材料，零件包括螺钉、加强筋、垫片等非主要系统构成材料。单元式幕墙作为标准化部品部件，BIM 模型可生成部品部件加工图及配件表，可统计部品部件工程量、模拟部品部件生产、模拟部品部件场内吊运及存放方式和方法。如图 3.43 所示。

图 3.43 单元式幕墙施工安装（以 NO.2015G19 项目地块为例）

从单元式幕墙深化设计到工厂构件生产及现场安装，与结构构件深化设计不同的是，单元式幕墙跨越了建筑和机械两个领域，数据衔接往往不能顺利进行，出现数据链断裂。而 BIM 技术的应用，使得数据可传递。通过 BIM 模型可以精准地指导工厂进行生产加工。对于 BIM 技术在单元式幕墙领域的应用目标与要求如表 3.13 所示。

表3.13 单元式幕墙BIM技术应用目标与要求

应用目标	技术要求
提高幕墙设计和施工的协调	幕墙设计及施工 BIM 模型同步
减少施工碰撞风险	各类构件模型进行碰撞检测
全面跟踪并指导施工流程	4D 施工模拟
设计变更与施工协同的高效性	模型参数化与构件信息自动化
加强施工过程质量控制管理	数字化质量管理
可视化技术辅助幕墙施工	BIM 三维视图完成施工模拟
施工方案交底	BIM 模拟拼装技术

单元式幕墙 BIM 模型深化设计的具体工作流程如图 3.44 所示。

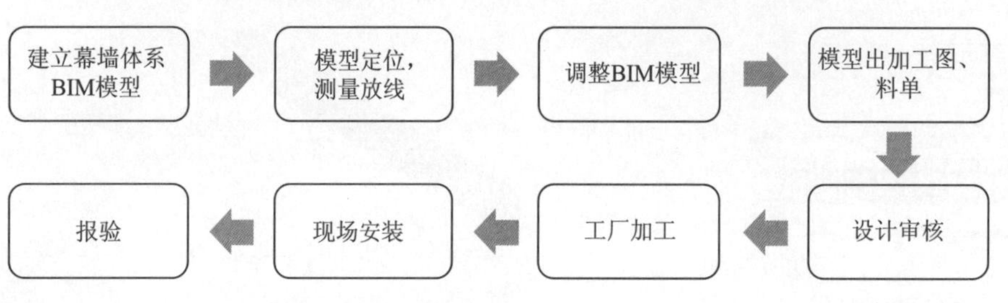

图 3.44 幕墙 BIM 模型工作流程图

通过建立单元式幕墙 BIM 模型，结合模型定位及测量放线，对主体结构进行复测，得到标高、坐标等信息，根据这些信息调整 BIM 模型。模型调整完毕后，单元式幕墙也根据实际模型进行调整，生成加工图纸和料单。工厂依据 BIM 模型输出的数据进行下料加工，施工单位根据 BIM 模型提供的坐标数据进行精确安装。

（2）外围护墙板

装配式外围护墙体板材在工厂生产、现场拼装，取消现场砌筑和抹灰工序。其几何尺寸精度高、结构构件质量好，能缩短工期，提高工程效率。如图 3.45 及图 3.46 所示。

图 3.45　钢筋陶粒混凝土轻质墙板

图 3.46　蒸压轻质加气混凝土墙板

1）外墙门窗的深化设计

外墙板深化设计的重点在于外墙上的门窗。传统的门窗安装是在砌筑时预留门窗洞口，安装窗框。而装配式外墙板可在预制的同时预埋门窗埋件，在构造上解决由于门窗安装引起的后期渗漏及冷热桥问题，质量能得到保证，精度也更高。

2）墙体连接处的深化设计

对于墙体连接节点的深化设计主要是结构专业的范畴。渗水问题是外墙板需主要解决的问题，其连接节点又是最薄弱的环节。墙体连接节点主要包括上下墙板的连接及相邻墙板的连接，需要对灌浆套筒、钢筋等进行精确设计及加工，安装准确，拼缝处理完善，并进行企口设计。

3）外墙设备管线的深化设计

设备管线的深化设计在外围护墙板应重点考虑所有设备管线、槽道、线盒的预留预埋。包括强弱电线盒的合理布置，尽量避开主筋，避开灌浆套筒，线管的走向便于施工等。电气线管的深化设计主要基于 BIM 模型对线盒预埋精确定位和管线走向合理规划，并考虑精装修及房间功能布局的各种因素，避免对外围护墙板的破坏。给排水管道重点考虑基于 BIM

模型，对厨房卫生间部位相关穿墙、穿板管道的预留孔洞设置，通过合理排布管道线路，便于施工和检修，便于接头的设置，留槽时保证留槽尺寸与管道相匹配，避免后期管道外露。如图 3.47 所示。

图 3.47　墙板管线开槽

3.5.3　机电体系深化设计

在机电体系深化设计中的管线综合深化、设备选型、设备布置、支吊架设计及荷载验算、机电系统末端预留预埋设计、室内净空控制、设备系统参数复核计算等宜应用 BIM 技术。基于施工图设计模型及各专业深化设计文件创建机电深化设计模型。机电深化设计模型宜进一步补充完善机电设备系统的几何及非几何信息，补充和完善设计阶段未确定的设备、附件、末端等产品信息及模型元素。

机电深化设计模型应包括给排水、暖通空调、建筑电气等各系统的设备、管线、附件、末端等构件模型元素，以及支吊架、减振设施、管道套管等其他构件模型元素。机电深化设计模型可按给排水、电气、暖通、智能化等专业系统，以及建筑不同楼层或不同功能单元进行划分及整合。

进行机电体系深化设计，不能仅仅基于机电专业模型，还应结合建筑、结构、装饰等各专业模型协同开展。通过机电设备系统与建筑内外围护体系、装饰装修体系、各类预制部品部件的碰撞检测，确认机电管线的空间定位、布局走向及预留预埋要求，如图 3.48 所示。

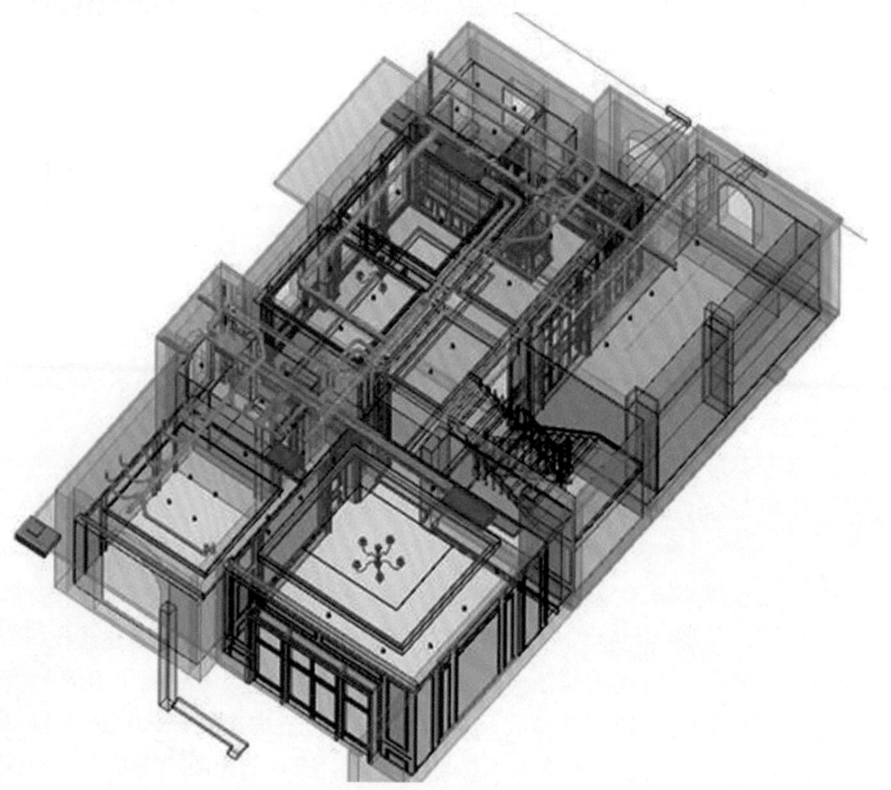

图 3.48　机电体系深化设计模型

基于机电体系深化设计 BIM 模型，完成相关专业管线综合优化，校核系统合理性，进行参数复核计算，支吊架选型及布置，建立与厂家产品对应的模型元素库，输出机电管线综合图、综合预留预埋图、特殊设备运输路线图、机电专业施工深化设计图、管线碰撞检查分析报告、相关专业配合条件图和工程量清单等。

在机电系统 BIM 深化设计模型基础上，调整完善管线空间布局、管线性能指标复核、机电设备选型等，并进一步复核系统设计参数，在修改完善后的 BIM 模型基础上重新模拟分析机电设备系统参数，包括空调负荷、电力容量、水压流量等技术参数，确保机电深化设计模型能够达到原定设计目标及要求。

3.5.4　装修体系深化设计

在装修体系深化设计过程中，利用室内装饰 BIM 模型，能够准确反映室内装修中的空间形态、空间构成、装饰构造及材料，并辅助对室内装修材料进行工厂预制加工，进一步提高项目的预制装配率。装修体系 BIM 深化设计应用包括以下内容：

（1）建立装饰产品族库

对照装饰设计施工图，以及相关厂家提供的装修构件大样图纸，制作装修专用 BIM 设计模型，并建立装饰产品族库，如图 3.49 所示。

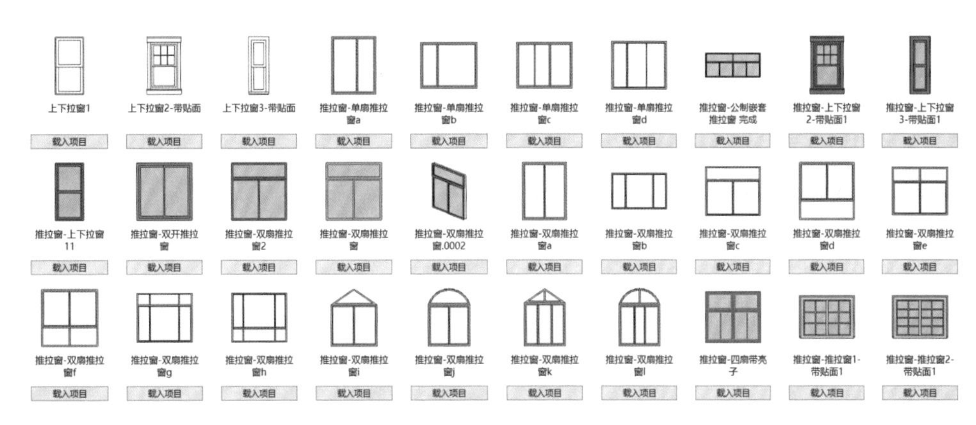

图 3.49 装饰产品族库

（2）建立装修深化设计模型

对照装修设计施工图，建立装修深化设计模型。基于装修产品族库，完成各种内隔墙、集成式卫生间、集成式厨房、装配式吊顶及楼地面干式铺装（成品地板）等装配式内装部品部件的建模。以装配式住宅为例，在建筑全专业施工图 BIM 模型基础上建立标准户型的精装修深化设计 BIM 模型，通过标准装饰模块、标准户型、标准平面 BIM 模型的模块化设计，实现任意户型组合及多种装饰方案的比较选择。

建立集成厨房与集成卫生间 BIM 深化设计模型，集成厨房 BIM 深化设计模型应包含地面、墙面、天花吊顶、门窗，设备电力管线及配件、给排水管线及配件、操作台、洗涤盆、灶具、排油烟机、消毒柜及其他电器设备，以及橱柜、吊柜、餐具橱、贮物柜等。集成卫生间 BIM 深化设计模型应包含地面、墙面、天花吊顶、门窗、电力管线及配件、给排水管线及配件、坐便器、水龙头、五金件、洗手池、淋浴设备或浴缸、照明、通风及其他电器等。同时，应根据项目需求深化 BIM 模型的重点环节包括：集成厨房和集成卫生间与现浇部分钢筋、混凝土的连接方式和形式；机电管线、线盒等的预留预埋；预埋连接件；吊运使用的临时预埋件；固定支撑的预留孔洞及底座平台等。

集成厨房、集成卫生间等装修体系标准化部品部件 BIM 模型应用包含：生成装饰部品部件加工图及配件表，统计装饰部品部件工程量，模拟装饰部品部件生产，模拟装饰部品部件及集成卫生间、厨房整体模块的场内吊运及存放，确定存放方式和地点。

3.6 数字化交付

3.6.1 BIM 建模标准

（1）信息模型的应用标准

规范预制装配式建筑不同设计阶段及各设计环节 BIM 模型统一的数据交互格式，包括建立预制构件模型库所应统一的各类几何及非几何参数化要求，保证各类 BIM 模型文件信息的有效传递与交互。

（2）信息模型的分类标准

装配式建筑 BIM 模型的分类宜依据不同任务阶段、不同任务角色、不同任务分类进行统一划分，确保设计、生产、施工及运营维护流程的畅通，确保各类模型信息的有机整合与协调。对不同对象进行统一分类及命名，保证统一的交付环境。建筑信息模型中信息的分类结构应包括下列内容：

1）建设成果包括按功能分建筑物、按形态分建筑物、按功能分建筑空间、按形态分建筑空间、元素、工作成果六个分类表；

2）建设进程包括工程建设项目阶段、行为、专业领域三个分类表；

3）建设资源包括建筑产品、组织角色、工具、信息四个分类表；

4）建设属性包括材质、属性两个分类表。

3.6.2 BIM 建模规则

为实现对装配式建筑全生命周期的管理，需对装配式建筑模型数据有统一的要求，因此要设置相应的建模规则以便生成符合管理要求的数据文件，实现 BIM 信息数据在装配式建筑设计、生产、施工、运维全过程流转传递。以 Revit 软件为例，针对装配式建筑建模需遵循下述建模规则：

（1）结构系统建模

结构系统建模主要包括预制柱、预制剪力墙、预制叠合板以及预制梁等，如表 3.14 所示。

表3.14　结构系统建模规则

序号	结构构件	建模规则	图例
1	预制柱	1. 选用 Revit 结构柱工具，并选择合适的柱族。 2. 在属性选项卡中输入截面尺寸、高度并选择结构柱的材质绘制即可	
2	预制剪力墙	1. 选用 Revit 墙体工具。 2. 在属性选项卡中输入墙体宽度并选择墙体材质绘制即可。 3. 如遇到“L”形或“T”形剪力墙时，需要把相连接的墙体创建为一个剪力墙部件	
3	预制叠合板	1. 选用Revit结构楼板工具。 2. 在属性选项卡中输入楼板厚度并选择楼板材质绘制。 3. 预制部分与现浇部分应分别绘制，以便预制率计算插件读取数据	
4	预制梁	1. 选用 Revit 梁工具，并选择合适的结构梁族。 2. 在属性选项卡中输入截面尺寸并选择结构梁材质绘制即可。 3. 如遇到叠合梁时，应分别绘制预制部分与现浇部分	

（2）围护系统建模

围护系统的建模包括装配式建筑外围护结构与内围护结构两部分，外围护结构包括各类预制混凝土外墙板、飘窗板、阳台板、单元式幕墙等。内围护结构主要是各类预制内隔墙（表 3.15）。

表3.15　围护系统建模规则

序号	外围护构件	建模要求	图例
1	预制混凝土外挂墙板	1. 选用 Revit 墙体工具或自定义族工具。 2. 在属性选项卡中输入墙体宽度或在族编辑环境下设置墙体厚度并设置材质	
2	PCF 板	1. 绘制原理类似叠合板，选用 Revit 墙体工具。 2. 在属性选项卡中输入墙体宽度并设置材质分别绘制	
3	预制隔墙及隔板	1. 选用 Revit 墙体工具。 2. 在属性选项卡中输入墙体宽度并设置材质分别绘制。 3. 如遇到“L”形或“T”形隔板时，需要把相连接的隔板创建为一个隔板部件	

（3）装修系统建模

装配式内装系统主要包括内隔墙、集成式卫生间、集成式厨房、装配式吊顶及楼地面干式铺装如成品地板等（表 3.16）。

表3.16　装修系统建模规则

内装修构件	建模规则
内隔墙（不同材质）	绘制方法可参照外围护系统的建模规则，采用 Revit 墙体工具，分别输入尺寸并选择材质绘制即可
集成卫生间、集成厨房	根据预制装配率计算规则，集成卫生间、集成厨房的面积按照卫生间及厨房的底部投影面积来计算，因此集成卫生间及集成厨房地面采用 Revit 系统族绘制即可
装配式吊顶、干式铺装	装配式吊顶与干式铺装的绘制采用 Revit 吊顶系统族与楼板系统族绘制即可

（4）Revit 自定义建模

Revit 自带工具选项卡中的功能并不能应对所有的预制构件建模，Revit 族工具栏中以“公制常规模型”为代表的自定义族可编辑程度非常高，可以在很多情况下弥补这一缺失，对各类预制构件建模（图 3.50）。

图 3.50　Revit 自定义建模规则

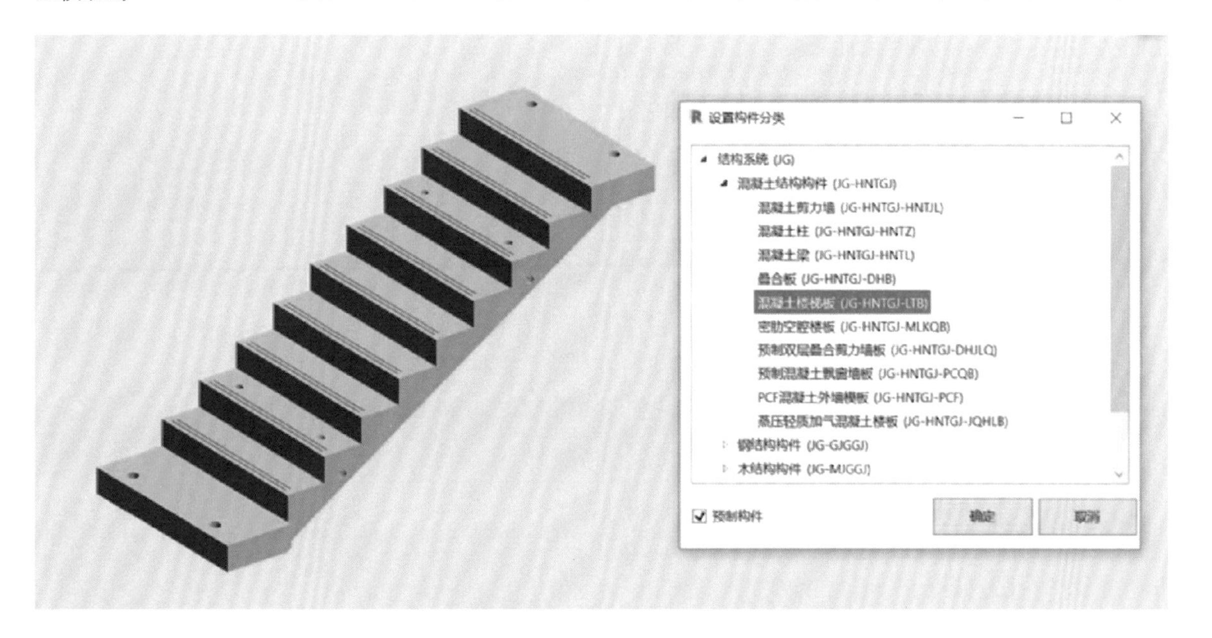

3.6.3　BIM 建模精度

针对 BIM 模型在装配式建筑各个阶段不同的数据信息应用需求，制定相应的建模精度等级，美国国家 BIM 标准 (NBIMS) 所提出的五级划分：概念级、模糊几何级、精确几何级、加工级、竣工级。阐述了从设计、制造以及施工的过程中 BIM 模型的精度（表 3.17）[61]。

装配式建筑 BIM 模型深度应符合工厂化生产、装配化施工的要求，实现设计模型直接应用于生产、施工和运维，如表 3.17 至表 3.20 所示。各阶段的信息模型应当通过交换和共享机制，实现跨阶段模型信息的交换和传递。

表3.17　BIM模型精度等级表

阶段		模型深度
设计阶段	概念 / 方案设计	LOD100
	初步设计	LOD200
	施工图设计	LOD300
施工阶段	施工图深化设计	LOD350
	施工过程	LOD400
	竣工验收	LOD450
运维阶段	运维管理	LOD500

表3.18　装配式构件几何信息等级表

几何信息等级	代号	信息描述
等级 1	G1	概略的尺寸、形状、定位信息
等级 2	G2	准确的外部尺寸、定位、形状，概略的部件尺寸
等级 3	G3	准确的外部尺寸、定位、形状、部件整体尺寸、细部尺寸
等级 4	G4	精确的各部件细部尺寸、安装尺寸
等级 5	G5	与实际一致的各部件细部尺寸、安装尺寸、管理维护尺寸

表3.19　装配式构件非几何信息等级表

非几何信息等级	代号	信息描述
等级 1	LV1	宜包含构件的身份描述、项目信息、组织角色等信息
等级 2	LV2	宜包含 LV1 等级信息，增加实体系统关系、组成
等级 3	LV3	宜包含 LV2 等级信息，增加材质、性能或属性等信息
等级 4	LV4	宜包含 LV3 等级信息，增加生产信息和安装信息
等级 5	LV5	宜包含 LV4 等级信息，增加资产信息和维护信息

表3.20　NBIMS模型分级表

序号	等级	内容
1	100	概念化模型，用于建筑整体的体量分析
2	200	近似构件，用于方案设计或扩初设计，包含模型的数量、大小、形状、位置以及方向等
3	300	精确构件（施工图以及深化施工图），模型需要满足施工图以及深化施工图的模型要求，能够进行模型之间的碰撞检查等需要
4	400	加工模型，用于专业承包商或者制造商加工制造构件的模型精度
5	500	竣工模型，包含了大量建造过程中模型信息，用于交付给业主进行运维管理的模型

对于装配式建筑各类预制构件，其模型精度应满足在设计、施工、生产、运维不同阶段的要求，如表 3.21 所示。具备施工招投标、工程预算、模具生产、预制构件生产等基本条件。预制构件深化设计阶段模型应具备预制构件模型、预制构件模型执行计划、预制构件属性信息表、预制构件深化设计图纸、模型工程量清单等交付标准。

表3.21　预制构件深化设计模型精度

专业	构件类型	几何信息	非几何信息
预制构件	桁架钢筋混凝土叠合板	精准尺寸与位置	构件材质、混凝土强度等级、钢筋型号、体积、重量、轴网信息、标高信息、位置信息 宜具备：构件生产厂商编码
		钢筋	
		预留线盒	
		预留套管或洞口	
		埋件	

（续表）

专业	构件类型	几何信息	非几何信息
预制构件	预制剪力墙板	精准尺寸与位置	构件材质、混凝土强度等级、钢筋型号、体积、重量、轴网信息、标高信息、位置信息 宜具备：构件生产厂商编码
		钢筋	
		预留线盒	
		预留线管	
		安装手孔	
		模板孔	
		埋件	
		灌浆孔、出浆孔	
		预留套管或洞口	
	预制叠合梁	精准尺寸与位置	构件材质、混凝土强度等级、钢筋型号、体积、重量、轴网信息、标高信息、位置信息 宜具备：构件生产厂商编码
		钢筋	
		预留线管	
		模板孔	
		键槽	
		埋件	
	预制板式楼梯	精准尺寸与位置	构件材质、混凝土强度等级、钢筋型号、体积、重量、轴网信息、标高信息、位置信息 宜具备：构件生产厂商编码
		钢筋	
		埋件	
		防滑槽（如果有）	
		销键预留洞	
	预制阳台板	精准尺寸与位置	构件材质、混凝土强度等级、钢筋型号、体积、重量、轴网信息、标高信息、位置信息 宜具备：构件生产厂商编码
		钢筋	
		埋件	
		预留套管或洞口	
		预留线盒	
	预制空调板	精准尺寸与位置	构件材质、混凝土强度等级、钢筋型号、体积、重量、轴网信息、标高信息、位置信息 宜具备：构件生产厂商编码
		钢筋	
		埋件	
		预留套管或洞口	
	预制女儿墙	精准尺寸与位置	构件材质、混凝土强度等级、钢筋型号、体积、重量、轴网信息、标高信息、位置信息 宜具备：构件生产厂商编码
		钢筋	
		埋件	
		灌浆孔、出浆孔	
		镀锌扁钢	

3.6.4 BIM 预制构件分类及编码标准

基于 BIM 信息模型，制定适用于装配式建筑设计、生产、施工、运维的统一预制构件编码体系，并确保编码的唯一性。编码结构应包括表代码、大类代码、中类代码、小类代码和细类代码，各级代码应采用 2 位阿拉伯数字表示。预制构件 BIM 模型中信息的分类应符合可扩展性、兼容性和实用性原则。

预制构件编码的基本原则：唯一性、合理性、简明性、完整性、可扩展性。基本编码格式主要由以下 6 段构成：[项目编号]–[楼号]–[构件类别编号]–[层号 / 构件底部标高]–[横向轴线 , 纵向轴线]–[位置号]。如图 3.51 所示，以所选预制组合刚性钢筋笼混凝土柱为例，其编码为：[SDD–20170816]–[A1]–[JG–HNT–Z]–[1/0.000]–[A,1]–[0]。

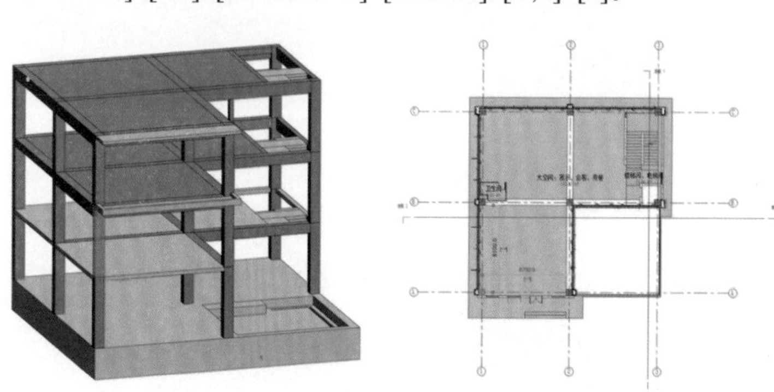

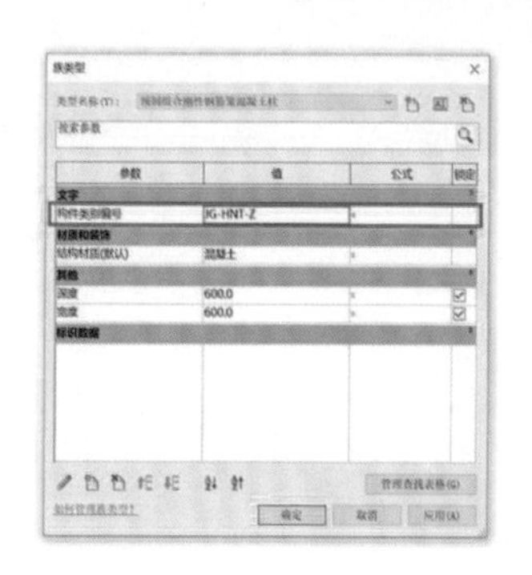

图 3.51 预制组合刚性钢筋笼混凝土柱编码

3.6.5 BIM 预制构件族库

建立通用的装配式建筑 BIM 数据库可有效解决建筑信息模型的集中存储、共享与调用，实现对装配式建筑 BIM 模型的规范化管理。用户可以按照不同权限使用数据库中的建筑信息模型，提高工作效率，保障交付成果的规范性与完整性。同时，推行通用化、模数化、标准化的一体化集成设计方法，提高标准化部品部件的应用比例，通过建立完善的预制构件模型库，实现 BIM 技术在装配式建筑设计、生产、施工、运维全过程的一体化集成应用。

1）预制构件参数

为了满足预制装配率及“三板”应用比例计算细则的要求，在预制构件 BIM 建模的过程中，应对模型参数进行必要的设置。这些参数设置要符合当地建设主管部门对预制装配率、预制率、装配率等控制性指标的管理规定及要求，根据各地的不同规定自定义参数设置。预制构件参数设置如表 3.22。

表3.22 预制构件参数列表

	长	宽	高(厚)	表面积	体积	备注
预制柱	●	●	●	—	●	
预制梁	●	●	●	—	●	

（续表）

	长	宽	高（厚）	表面积	体积	备注
预制叠合板	●	●	●	●	●	
预制密肋空腔楼板	●	●	●	●	●	表面积为投影面积
预制阳台板	●	●	●	●	●	
预制空调板	●	●	●	●	●	
预制楼梯板	●	●	●	●	●	表面积为投影面积
混凝土外挂墙板	●	●	●	●	●	长度方向一侧表面积
预制女儿墙	●	●	●	—	●	
预制外剪力墙	●	●	●	—	●	
预制夹心保温外墙板	●	●	●	●	●	长度方向一侧表面积
预制双层叠合剪力墙板	●	●	●	—	●	—
预制内剪力墙板	●	●	●	—	●	—
PCF 混凝土外挂墙板	●	●	●	●	●	长度方向一侧表面积
预制混凝土飘窗板	●	●	●	—	●	
单元式幕墙	●	—	●	—	●	长度方向一侧表面积
蒸压轻质加气混凝土墙板	●	—	●	—	●	长度方向一侧表面积
GRC 墙板	●	—	●	—	●	长度方向一侧表面积
玻璃隔断	●	—	●	—	●	长度方向一侧表面积
木隔断墙	●	—	●	—	●	长度方向一侧表面积
轻钢龙骨石膏板隔墙	●	—	●	—	●	长度方向一侧表面积
钢筋陶粒混凝土轻质墙板	●	—	●	—	●	长度方向一侧表面积
蒸压轻质加气混凝土外墙系统	●	—	●	—	●	长度方向一侧表面积
集成式厨房	●	●	—	●	—	表面积为投影面积
集成式卫生间	●	●	—	●	—	表面积为投影面积
装配式吊顶	●	●	—	●	—	表面积为投影面积
楼地面干式铺装	●	●	—	●	—	表面积为投影面积
装配式墙板（带饰面）	●	●	—	●	—	表面积为投影面积
装配式栏杆	●	—	●	●	—	表面积为投影面积

2）预制构件库参数设置

按照预制构件编码系统相关要求，所有预制构件模型均应含有构件分类编码参数项，此参数需要另行添加设置。参数设置需在 BIM 模型中增加共享参数，将“构件分类编码”设置为模型类型参数，参数设置具体要求如表 3.23 所示。

表3.23　预制构件库参数设置方式

采用方式		共享参数
参数数据	名称	构件分类编码
	规程	公共
	参数类型	文字
	参数分组方式	标识数据
	参数对象	类别
族类别		所有预制构件类别

3）预制构件参数设置方法

预制构件参数设置除注释图元、视图图元外，所有类别的模型族均应增加“构件分类编码”参数，具体族类别参见图 3.52、图 3.53 所示。

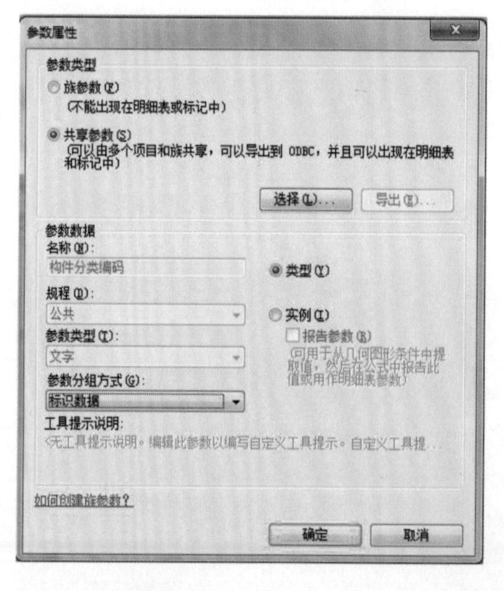

图 3.52　预制构件分类编码参数

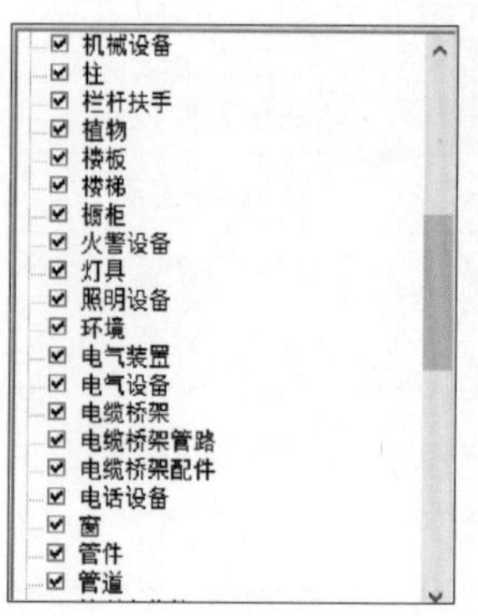

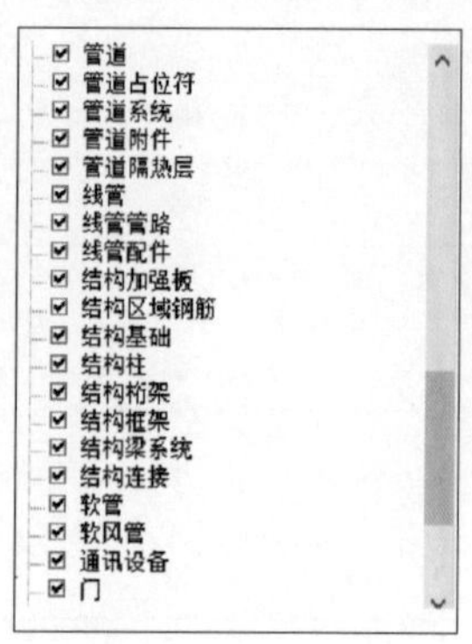

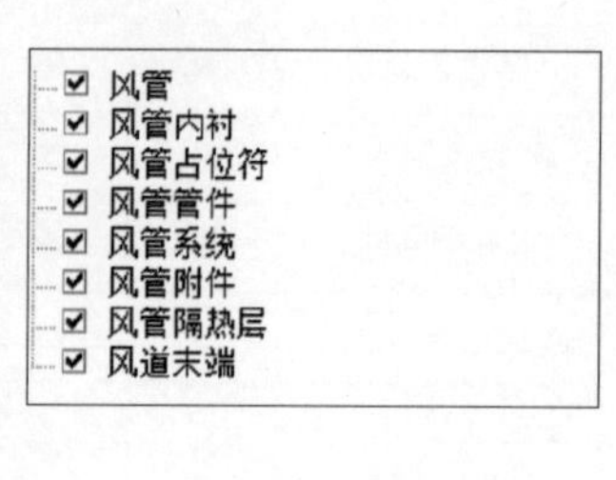

图 3.53　预制构件参数类别选取

3.6.6 BIM 交付标准

统一规范装配式建筑建设流程中 BIM 信息模型在各环节的交付标准，包括不同建设阶段、不同角色间的交付流程、交付成果要求。建筑信息模型交付时应满足如下要求：每个项目、预制构件应具有唯一标识符。同一项目各阶段交付的模型中，相同的构件、类型、属性等，其名称应前后保持一致。BIM 模型信息依据一定的逻辑关系相互关联。BIM 模型应允许信息的调整和完善，以适应不同阶段的交付需求。BIM 模型应包含对自身数据的全面描述。

3.7 BIM 设计协同管理平台构建

基于 BIM 技术的设计协同管理平台是以各设计阶段 BIM 模型为基础，集成装配式建筑工程设计及各类建设相关信息及控制性元素，对各类几何及非几何数据信息进行有机整合、协同处理、高效传递的信息化管理平台。综合反映工程建设的设计、生产、施工及运维阶段的相关建设信息。有效协同工程建设的使用单位、设计单位、施工单位、预制构件生产单位等的职责分工及流程管理工作。协同管理平台依托 BIM 技术，建立各建设方、各管理层次、各设计专业实时参与、信息共享、相互协作的一体化的协同管理模式。协同管理的范围可涵盖业主、设计、施工、咨询等参与方的工程管理业务，项目各参与方可以根据需求建设项目级的 BIM 设计协同管理平台。

BIM 设计协同管理平台应综合考虑不同使用场景的应用要求及其便利性。在应用软件及硬件设施的配置上应满足安全性、高效性、通用性的要求。通过制定数据传输及使用协议提高平台文件存储及传输安全性。通过制定基于协同管理平台的不同层级的文件管理架构，统一建模标准、交付标准及应用标准，提高管理平台的协同性。

研究基于 BIM 设计协同管理平台的各专业、各阶段协同设计工作机制，构建 BIM 设计协同管理平台整体架构、功能模块、技术参数等方面的内容,如图 3.54 所示。设计协同管理平台主要性能包括：基于云计算技术，采用虚拟服务器加虚拟应用的架构方式构建设计协同管理平台。给设计人员提供虚拟 BIM 应用和工作云盘，进行在线 BIM 交互设计。协同管理平台具有开放性，构建基于 IFC 标准的 BIM 数据模型，形成基于 IFC 标准的 BIM 资源管理、资源共享机制。能与其他管理系统及专业软件进行集成。设计及管理工作流程可以自定义，提供可视化流程定制工具、模型轻量化浏览等。推动标准化、规范化 BIM 数据资源库的建立。BIM 协同工作区规定详见表 3.24。

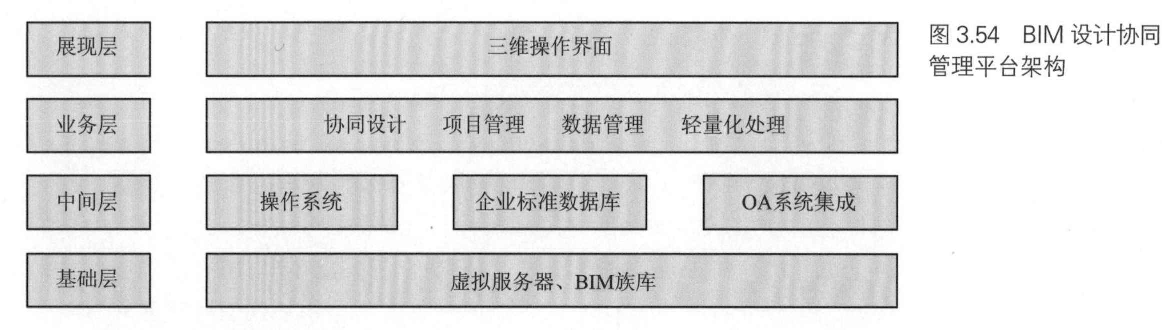

图 3.54 BIM 设计协同管理平台架构

BIM 设计协同管理平台主要功能包括：个人工作、项目管理、项目监控、经营管理、统计分析、构件族库管理、系统管理等。平台应划分不同工作区以满足设计过程中对项目成果的编辑、共享、审核、发布、归档等要求。

表3.24 BIM协同工作区规定

工作区划分	对应职能
项目编辑区	编辑区用于对项目 BIM 文件进行编辑
项目共享区	共享区提供满足一定交互条件的共享文件供全体成员参考
质量审核区	审核区是项目成果发布前质量体系进行审核的区域
成果发布区	发布区是各设计小组文件的公开发布区域，该区域内发布的文件应已完成质量审核
归档区	归档区存放包括编辑区、共享区、审核区以及发布区需归档的内容

BIM 设计协同管理平台应规定 BIM 文件权限管理分级。为了更加高效地管理项目，设计人员应明确文件使用权限，明确工作范围，如表 3.25 所示。

表3.25 BIM文件管理权限示例

文件编辑等级	对应具体管理权限
I 级	可以在项目文件处于可编辑状态时对项目文件进行编辑工作（如：编辑模型中的构件图元、管理模型链接等）
II 级	I 级权限基础上还可以查看协同工作记录，对各 I 级工作组锁定或开放编辑权限（如：恢复中心文件历史版本、调整协同平台用户操作权限等）
III 级	II 级权限基础上还可以创建新项目协同文件或删除现有项目文件，为最高管理权限（设定项目样板、创建新项目文件）

3.8 BIM 设计协同管理平台应用

如图 3.55 所示的慧通 BIM 设计协同管理平台围绕设计管理目标确定应用内容：工程设计数据管理、设计协同管理、设计成果审核管理、设计

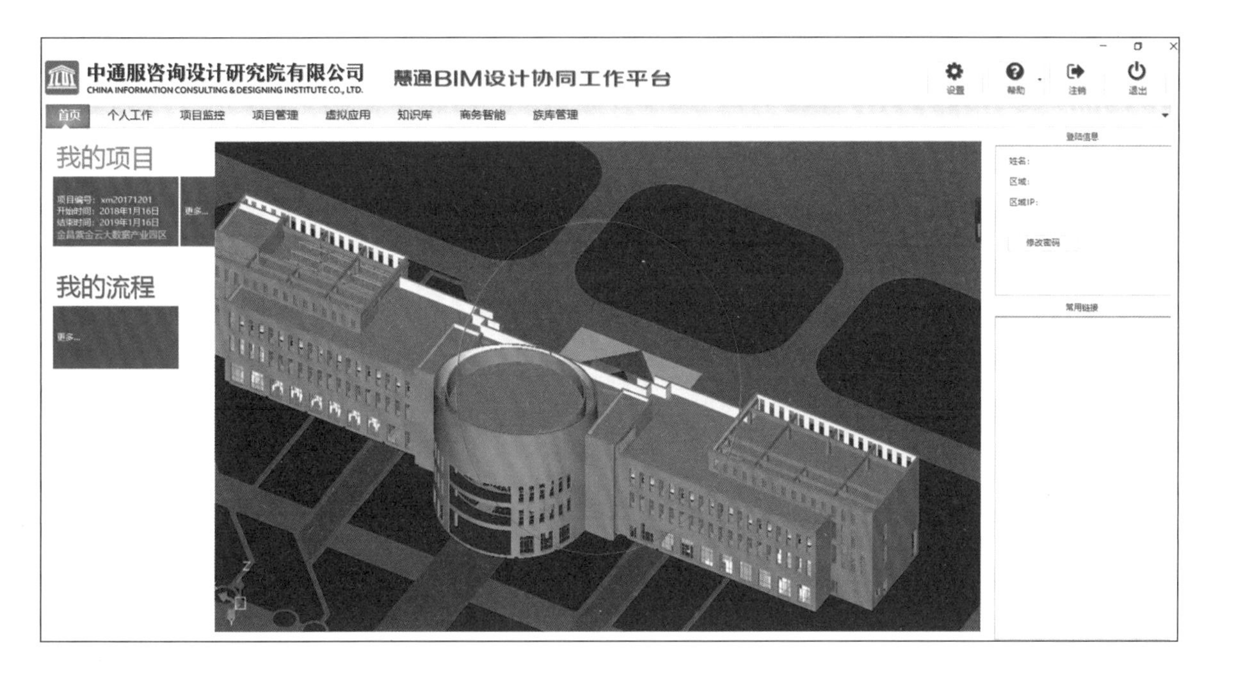

图 3.55　BIM 设计协同管理平台

成果归档管理等多个环节。面向各专业提资、多专业协同设计、设计审核、成果归档等主要设计管理工作，从基础资料管理、设计过程管理、设计文件管理等方面，实现项目建设信息共享、设计全过程管理、各参与方有效协同工作。在设计协同管理的工作模式下，所有设计过程的相关信息都记录在案，相关数据图表都可以查询统计，更容易执行统一设计标准，从而实现对设计质量和设计进度的全过程管控。在此基础上，结合实践案例，检验装配式建筑一体化集成设计方法的应用成效。

（1）工程设计数据管理

结合 BIM 设计标准，制定适用于装配式建筑项目特点的文件存储目录，对目录的权限统一授权管理，并设置合理的备份机制，满足工程数据管理要求。

（2）协同设计管理

以设计阶段 BIM 应用内容为主线，建立标准化的 BIM 应用流程，加强设计阶段 BIM 应用过程中各参与方职责、交付成果的规范性。将 BIM 应用流程内嵌，使得各专业能够进行规范化的 BIM 设计工作，提高设计协同工作效率。

（3）设计成果审核管理

通过创建设计协同审核流程，对重要节点提交的设计成果进行审核，结合审阅和批注，实现对设计成果的有效审核以及质量管控。

（4）设计成果归档管理

建立项目级设计成果归档文件目录，结合归档文件编码，对项目工程数据进行有序的归档。

装配式建筑设计阶段协同管理工作宜通过 BIM 设计协同管理平台的搭建，为设计各专业、外部各接口提供协同工作环境，固化技术标准和管理流程，实现既定的设计管理目标。它是装配式建筑全生命周期管理的前置条件，为装配式建筑 BIM 技术全过程咨询奠定基础。在 BIM 技术一体化集成应用的基础上，最终实现设计协同管理、生产协同管理、施工协同管理、运维协同管理四者有机统一。

第4章　基于BIM技术的装配式建筑生产阶段一体化集成应用

装配式建筑生产阶段的一体化集成应用是在装配式建筑预制构件深化设计之后，基于预制构件BIM深化设计模型，应用BIM生产协同管理平台，实现预制构件工程设计数据的有效传递，提升预制构件生产质量与生产效率。具体应用包括：模具设计、工装选配与安拆、物料准备、生产制造、物流转运等环节。

4.1　部品部件模具设计

在预制构件深化设计BIM模型的基础上，可导入三维模具设计软件进行模具的进一步深化设计，可得到预制构件模具深化图纸和统计表，用于辅助模具加工生产。借助模具BIM设计模型，能够自动统计模具材料用量等各类信息（如模具尺寸、钢板尺寸、预埋点位信息、材料数量等），从而对预制构件生产准备阶段的材料采购、生产阶段的精度把控等方面有显著帮助。基于BIM技术的模具设计主要是参数化模具设计方法。如表4.1所示，设计需要准备模具物料库、模具物料模型库、模具设计参数三类基础数据条件。

表4.1　模具设计数据条件

序号	模具设计构成	数据要求
一	模具物料库	模具设计的物料信息数据
二	模具模型库	模具设计的模型数据，可重复或多次调用
三	模具设计参数	模具设计的基本参数：模具钢板的厚度、间距、连接方式等

如表4.2所示，以预制剪力墙板为例，参数化模具设计其实质就是没有前端预制构件深化设计模型的建立，只有二维工艺设计图纸的情况下进行的模具参数化设计。导入的数据信息只有二维工艺图纸。参数化模具设计的基础是预制构件深化设计模型，BIM深化设计模型中包含了大量可以被调用的信息，模具设计过程变成对前序工艺模型的筛选处理及细化工作。图4.1为处理后的预制楼梯板模具三维生产加工示意图。

表4.2 参数化模具设计过程

过程	内容	三维图表
工艺模型准备	调用构件深化模型	
	深化模型比对，确定模具数量及种类	 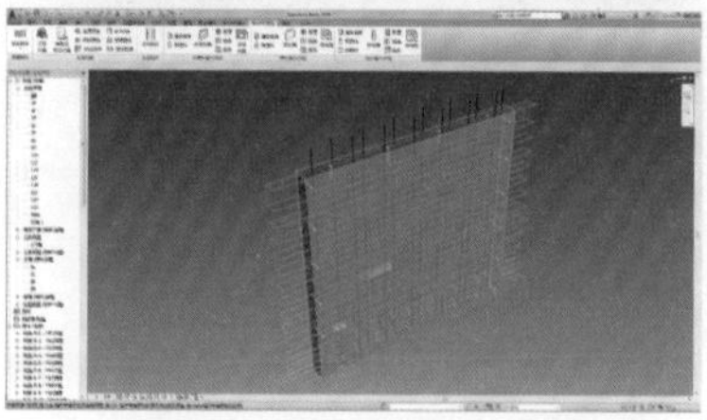
形成模具模型	建立模具模型参数化程序	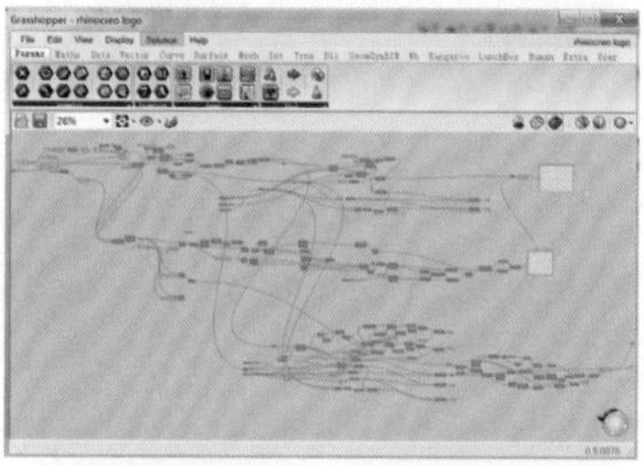
	根据深化模型生成模具外轮廓模型	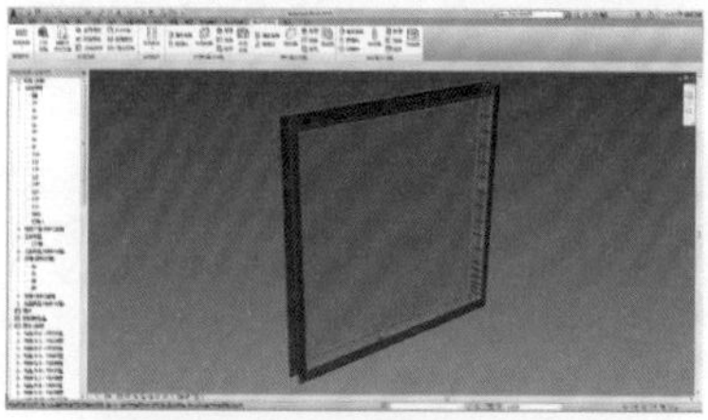
生成模具三视图	建立三视图参数化设计工具	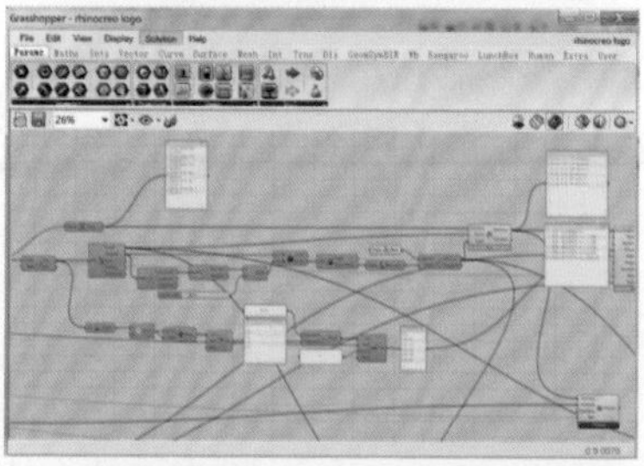
	导出三视图图纸	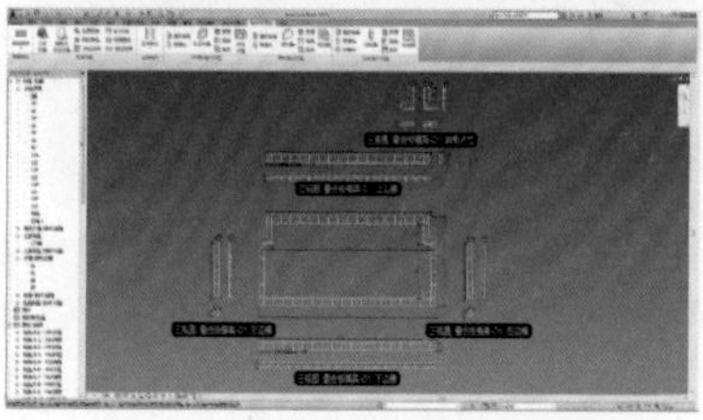

（续表）

过程	内容	三维图表
生成模具加工图纸	获取模具加工类图纸	
导出模具设计数据	通过生成的模具模型进行数据的梳理及导出	

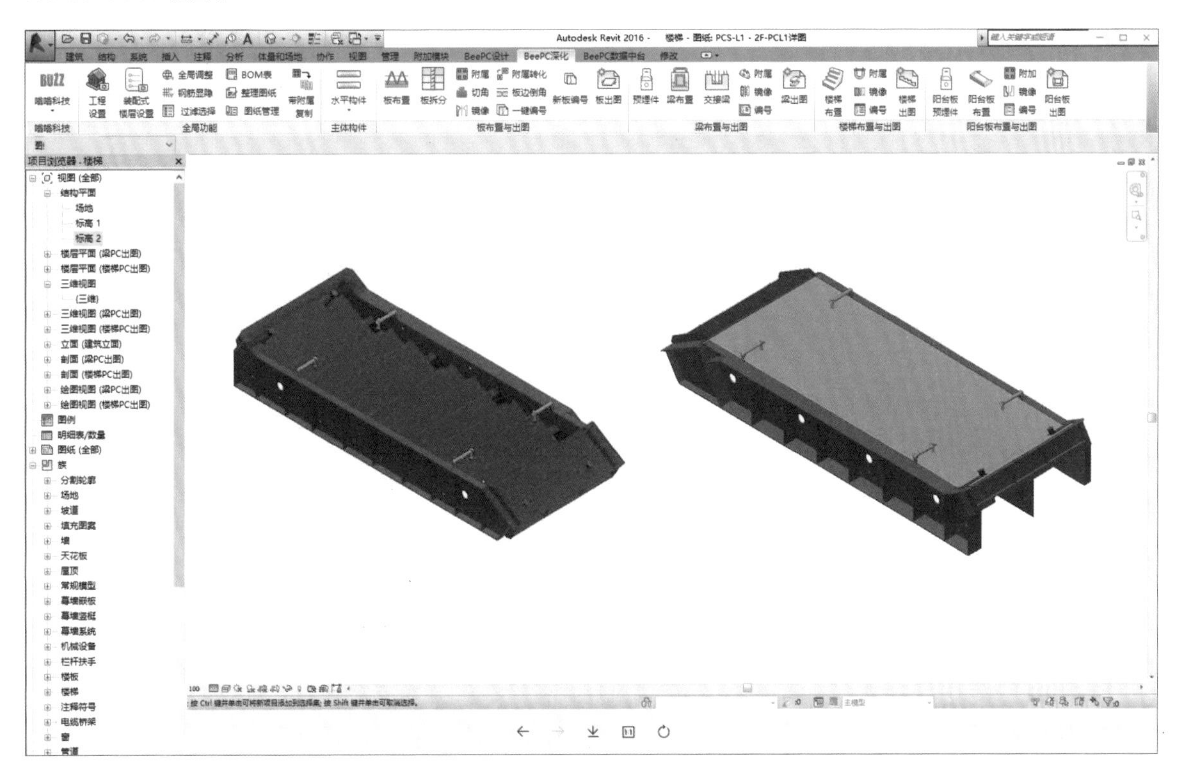

图 4.1　楼梯模具生产加工示意图（南京 NO.2018G50 项目）

4.2　装配式模板设计

装配式模板属于周转材料，其 BIM 模型技术应用包括模板设计、生产、预拼装、施工、回收翻新和仓储物流全过程的 BIM 建模和信息管理。如图 4.2 所示，装配式模板的模型创建应根据设计阶段 BIM 模型进行施工深化模板设计，包含下列内容：根据施工要求深化新增的门头下挂、门垛、构造柱等；复杂部位的结构施工优化；装配式模板覆盖范围、背楞加固形式、支撑方式、斜撑点位等；装配式模板的命名标识信息；与预制构件的连接

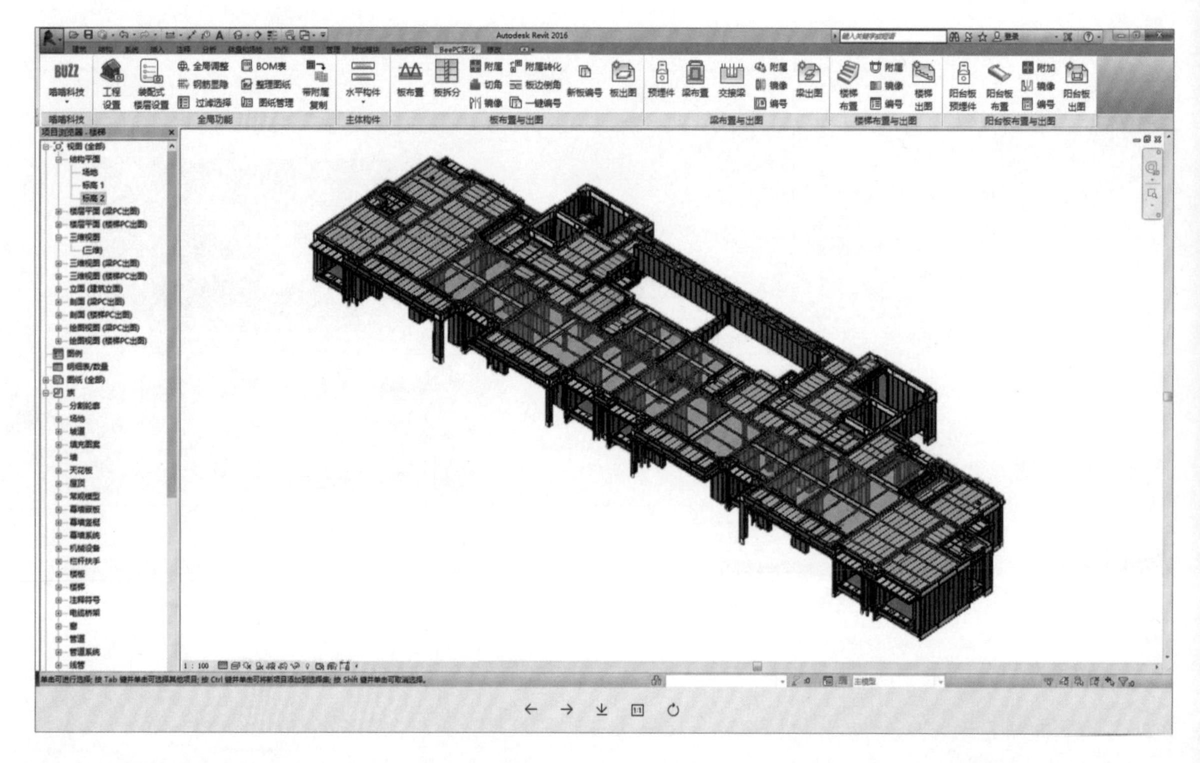

图 4.2 装配式铝模板三维示意图（NO.2018G36 地块项目）

形式及加固措施。装配式模板的模型创建宜包含门窗企口、砌体企口、栏杆杯口等涉及施工的所有深化设计内容。

基于装配式模板 BIM 模型，可生成模板加工制造图及生产清单；统计装配式模板施工范围内的工程量及模板使用面积；根据安装顺序进行装配式模板的分区打包及安装模拟；指导模板预拼装及对复杂节点进行技术交底；对安装模拟发现的设计及生产问题进行有效反馈。

4.3 预制构件生产加工

在预制构件生产加工中应用 BIM 技术，可基于装配式建筑预制构件深化设计模型创建预制构件生产模型，添加生产与运输所需信息，完成模具及模板设计与制作、材料采购准备、模具安装、钢筋下料、预埋件定位、构件生产、编码及装车运输等工作。生产模型增加模具、生产工艺、养护及成品堆放等信息 [71]，以及预制构件生产及产品验收过程中采集的成本、进度、质量等信息。预制构件 BIM 生产模型应用交付成果包括预制构件生产模型、加工图，以及预制构件生产相关文件。

生产阶段预制构件模型应开展综合碰撞检查分析，不仅分析本阶段 BIM 模型中预制构件与现浇部位连接的碰撞、装配式模板与预制构件及现浇部分的碰撞、其他部品部件与现浇部分连接的碰撞，还要分析预制构件本身组成部分之间的碰撞，根据碰撞检查报告对本阶段 BIM 模型进一步优化和调整，制定复杂部位的加工方案，选择加工方式、加工工艺和加工设备，保证预制构件生产准确性。

由于预制构件采用工业化生产方式，其生产过程可以充分利用 BIM 模型实现数字化制造和自动化生产，为 BIM 技术在装配式建筑全生命周期中的应用带来了便利。预制构件数字化制造应用领域包括：

（1）模具设计自动化。BIM 模型可以提供预制构件模具设计所需要的各类几何及非几何信息，可实现模具设计的自动化[69]。

（2）钢筋加工自动化。利用 BIM 模型中的钢筋数据模型输出钢筋加工数控机床的控制数据，实现钢筋的自动裁剪和弯折加工，并利用软件实现钢筋用料的最优化[69]。

（3）构件检测自动化。利用 BIM 模型中的尺寸数据并结合预制构件的自动化生产线，实现预制构件成品检测的自动化[69]。

预制构件生产工艺通常包括模具清洁、模具组装、涂脱模剂、绑扎钢筋骨架、安装预埋件、混凝土浇筑振捣、拉毛、蒸养、拆模、检验修补及堆放等阶段。预制构件的生产加工流程具体如下：

（1）在预制构件 BIM 模型基础上补充生产流程、生产工艺、生产周期、产品质量等生产加工信息，形成预制构件生产加工模型，并进一步补充添加构件存放、运输等相关信息。

（2）将预制构件生产加工模型数据导出，进行编号标注，生成预制构件加工图及配件表。

（3）将预制构件生产加工模型的信息输入生产管理信息系统，指导安排预制构件厂的生产计划。

（4）由模具生产单位根据预制构件加工信息模型设计模具，进行模具生产。

（5）从预制构件加工信息模型中直接统计出各类材料的种类与数量，进行生产准备。

（6）根据预制构件加工信息模型中的钢筋类别、形状、尺寸与数量等信息，进行钢筋下料。如有条件，将预制构件加工模型导出的数据文件输入自动化生产设备，由机器完成钢筋的切割、弯折与焊接等工作。

（7）根据预制构件深化设计图纸，安装设置模具，对预埋件进行定位，摆放间隔件、钢筋、预埋件等，浇筑混凝土，振捣并养护，生产预制构件。如有条件，将预制构件加工模型直接与自动化生产设备对接，由机器完成自动划线定位、模具放置、钢筋与预埋件的放置、混凝土布料与振捣、养护等工作。

（8）构件出厂前在构件上设置与预制构件 BIM 模型相对应的编码。

（9）根据预制构件的运输信息，对预制构件运输过程进行管理，确保预制构件按时运输到施工现场。

4.4 物料统计管理

BIM 模型是一个包含土建、机电模型的综合数据库，通过预先输入相应的预制构件产品属性信息，可以高效精确地获取各类材料、构件、产品的统计数据。基于预制构件生产加工模型，可以直接统计出各类材料的种类与数量，进行生产准备。基于生产加工模型的物料统计比人工方式效率及准确度更高，通过 BIM 模型与生产制造系统相结合，将显著提高生产计划安排效率及产品利润回报。

以装配式建筑机电安装工程为例，利用综合管线优化后的 BIM 模型，可准确导出支吊架工程用量，如表 4.3 所示。

表4.3　走道区支吊架材料表

区域	族与类型	立杆长度（mm）	立杆数量	横杆长度（mm）	层数	个数
上部空调区走道	L 型吊架 _1 层	690	2	800	1	2
	U 型吊架 _2 层	1 800	2	1 100	2	4
	U 型吊架 _3 层	1 800	2	1 100	3	12
中部空调区走道	U 型吊架 _3 层	1 600	2	1 050	3	13
	U 型吊架 _2 层	1 600	2	1 050	2	2
中部走道区	U 型吊架 _2 层	1 100	2	1 800	2	1
	U 型吊架 _3 层	1 500	2	1 950	3	6
	U 型吊架 _2 层	1 100	2	1 250	2	2
	U 型吊架 _3 层	1 750	2	1 100	3	5
	U 型吊架 _4 层	1 750	2	1 150	4	1
下部走道区	U 型吊架 _2 层	2 250	2	1 250	2	4
	U 型吊架 _3 层	2 250	2	1 400	3	12

4.5 部品部件跟踪管理

（1）预制构件编码

建立预制构件编码体系和生产管理编码体系。预制构件编码体系应与构件生产模型数据一致，应包括构件类型编码、识别编码、材料属性编码、几何信息编码等。生产管理编码体系应包括合同编码、工位编码、设备机组编码、人员编码等。

预制构件生产模型宜在深化设计模型基础上，关联生产信息、构件属性、构件加工图、工序工艺、质检、运输控制、生产责任主体等信息。

通过 RFID 技术实现对预制构件的质量追溯管理。预制加工构件可采用条形码、二维码、无线射频识别 (RFID) 等形式进行标识。由于预制构件被赋予了唯一的编码，通过无线射频识别技术 (RFID) 能将预制构件的信息进行传递，RFID 标签的耐久性可满足施工现场环境要求及建筑产品使用周期长的要求。

（2）预制构件存放

BIM 模型根据预制构件数量、大小、存储方式计算出预制构件存储所需的面积大小及堆放所需辅料数量。存储场地要根据预制构件的种类、不同施工阶段的需求量及其存储方式进行统计计算，应结合施工场地现状统一规划、合理部署，详见预制构件存储管理表（表 4.4）。存储方式要根据预制构件的类型及外形尺寸进行设置。预制构件的存储可按照构件类型分类存放或按照构件外形尺寸平层叠合存放等多种存储方式。

从 BIM 模型生成的构件数据库中提取相关参数确定构件存储位置、存储方式、存储工具，结合 RFID 技术将存储信息上传至工程建设管理系统。

表4.4　预制构件存储管理表

存储管理	具体方式	管理说明
存储区域	装车区域	构件备货、物流装车区域
	不合格区域	不合格构件暂存区域
	库存区域	合格产品入库储存重点区域，区域根据项目或产品种类进行规划
	工装夹具放置区	构件转运、装车需要的相关工装放置区
存储要求	平面图	规划存储分区平面图，分类指引预制构件存放位置
	分类存放	依照产品类别、规格、安装序列分区分类存放
	成品标识	库存成品标识包括产品名称、编号、型号、规格、现库存量
	成品摆放	库存摆放应做到检索方便、存取高效，便于安全管理
	健全制度	应建立健全预制构件存储管理岗位责任制
	统一录入	库存成品数量要做到账、物一致，出入库构件数量及时录入系统

（3）预制构件运输

BIM 技术在预制构件的生产及运输过程中的主要作用体现在：基于 BIM 技术的预制构件深化设计，生成构件生产信息模型并与管理系统进行链接，生成生产基础数据库，从而控制生产过程和构件运输过程。RFID 技术可对构件运输过程中的信息进行实时跟踪记录，反馈到产品质量管理系统中。

借助 BIM 技术，进行预制构件运输架的设计，根据构件的重量和外形尺寸进行设计制作，设计不同类型构件的运输架时需考虑构件的特点和运输架的通用性。

基于 BIM 模型进行预制构件运输方式的选择以及运输路线的优化，根据预制构件类型及尺寸选择立式运输或平层叠放运输方式。运输路线的选择要依据合理运输距离的测算、不同的运输方式以及适用条件的选择，确认合理的运输距离和运输半径，结合 BIM 管理系统做好预制构件运输记录。

（4）预制构件跟踪

装配式建筑施工阶段，施工单位通过现场 BIM 施工协同管理系统查询预制构件相关信息，将预制构件的运输信息、安装信息、进度信息等反馈至协同管理平台。根据工程管理的需要可在每个预制构件中安装 RFID 芯片，为每个构件赋予唯一的编号，同时将芯片的信息写入 BIM 模型，通过手持读写设备实现装配式建筑在预制构件生产制造、现场施工阶段的数据采集、存储和数据传输。BIM 技术贯穿设计、生产、施工、运维各环节，装配式建筑项目可以通过相应的 BIM 协同管理平台跟踪预制构件的数据信息，实现预制构件全生命周期的管理。

4.6 BIM 模具族库

预制构件深化设计 BIM 模型完成以后，可导入三维模具设计软件进行模具的深化设计，最后输出预制构件模具深化图，用于模具生产加工。借助模具 BIM 模型，能够自动统计模具材料用量等各类信息（模具尺寸、钢板尺寸、预埋点位信息、材料数量等），从而对预制构件生产准备阶段的材料采购、生产阶段的精度把控等方面有显著帮助。基于 BIM 技术的模具设计主要是采用参数化模具设计方法。设计需要准备模具物料库、模具物料模型库、模具设计参数三类基础数据条件。

模具物料模型库的应用基础是物料库，物料库中需调用的模型必须在前期进行存储，如图 4.3 所示。

图 4.3　模具物料模型库

4.7　BIM 生产协同管理平台构建

BIM 技术的特点是信息和数据的集成，预制构件 BIM 模型所附带尺寸、材料、数量等信息可通过数字化表达的形式传递给预制构件加工生产厂，与生产执行系统（Manufacturing Execution System，简称 MES）相结合，实现预制构件的自动化生产制造，如图 4.4 所示。应用 BIM 技术实现预制构件的自动化生产加工有利于降低生产成本、提高生产效率、提升产品质量。

BIM 生产协同管理平台面向预制构件生产企业的生产过程管理和生产数据管理，从基础资料管理、生产组织管理、生产流程管理等方面，结合 BIM 技术，实现预制部品部件生产信息共享，提高生产管理水平和预制构件质量。

图 4.4　MES 系统构成

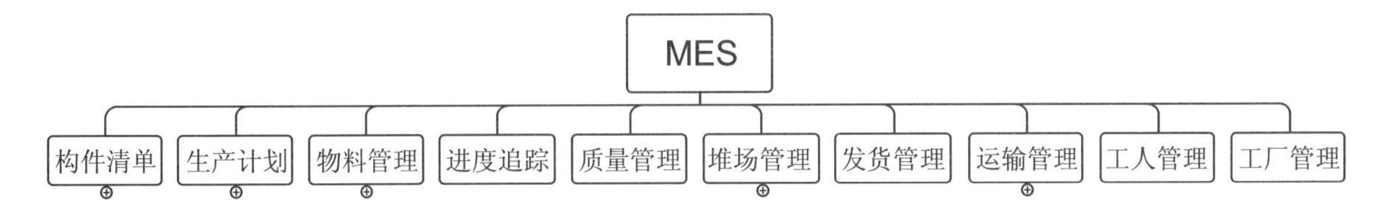

4.8　BIM 生产协同管理平台应用

BIM 生产协同管理平台围绕预制构件生产管理目标确定管理内容。基于预制构件的深化设计模型，建立预制构件生产模型。实现预制构件生产阶段的模具设计、工装选配、生产方案制定、生产线选择、物料准备、生产流程管理、生产质量管理、预制构件存储管理、预制构件运输管理等环节的应用与管控。

第 5 章　基于 BIM 技术的装配式建筑施工阶段一体化集成应用

BIM 技术在装配式建筑施工阶段的一体化集成应用主要体现在施工准备阶段和施工实施阶段。施工准备阶段的 BIM 应用主要体现在施工场地规划、施工工艺模拟等方面。该阶段的 BIM 应用对施工场地合理规划、施工工艺的虚拟展示等方面起到关键作用。施工单位可结合施工管理流程及具体工艺技术要求，进一步完善施工图 BIM 模型，补充相关信息以得到满足施工需求的施工 BIM 模型。

在装配式建筑施工实施阶段，基于 BIM 技术的施工现场管理，一般配合施工协同管理平台进行集成应用，对整个施工过程进行精细化管理。有利于提前发现并解决工程项目中的潜在问题，减少施工过程中的不确定性和风险。同时，按照施工顺序和流程模拟施工过程，可以对工期进行精确的计算、规划和控制，也可以对施工资源统筹调度、优化配置，实现施工过程可视化和信息化管理[26]。

5.1　施工场地规划

施工场地规划应考虑施工组织的要求，如工序安排、资源组织、现场平面布置、进度计划等要求，利用 BIM 技术进行模拟分析、技术核算和统筹规划。

在前期施工图 BIM 模型的基础上建立施工场地规划模型。施工场地规划模型主要包括场地地形模型、建筑物模型、建筑室外管网模型、建筑配套设施模型、市政道路及设施模型，以及施工过程中的施工塔吊、机械设备、临时建筑、临时围墙、临时道路、加工区域、材料堆场、预制构件堆场等模型。通过施工场地规划模型的搭建，实现施工现场动态化模拟及三维可视化管理。

施工场地规划模型应结合工程特点和施工进度安排，各阶段施工管理要求，合理划分场地各功能区域，把办公区、生产区和加工区分开布置。在满足施工的条件下，尽量节约施工用地。结合施工现场的具体情况，考虑施工方法、施工进度，比选施工场地规划最优方案。一般应考虑施工场地面积、临时设施面积、材料堆场、机械安装等工艺技术指标，并符合施工现场安全技术要求和消防要求。

在进行施工场地规划模拟过程中应及时记录出现的工序安排、资源配置、平面布置等方面不合理的问题，形成施工场地规划分析报告。在此基础上进行优化完善，并及时更新 BIM 模型信息数据[69]。

基于 BIM 技术的装配式建筑施工场地规划的内容包括场地地形、既有建筑设施、周边环境、预制构件堆场、塔吊位置及范围、货运通道、临时设施、加工区域、施工机械、施工设施等规划布置和经济技术对比分析。主要专项场地规划内容包括：

（1）预制构件堆场规划

根据预制构件的堆放需求，建立虚拟堆场及货架 BIM 模型，在构件存放至堆场后，记录构件存放信息，根据存放信息以及预录入的待堆放构件信息，将待堆放构件显示于虚拟堆场和虚拟货架。特别是对于容易发生损伤的预制构件，从货运进场到卸货堆场，再到合理堆放布置尤为重要。

（2）预制构件运输路线规划

优化场地内外交通流线组织，最大限度地减少场内运输，缩短运输距离，减少场内二次搬运。按照待堆放构件的装配顺序，制订构件装车计划，根据各种类型待堆放构件的装配时间、堆场空间资源配置及预制构件产能，进行时间维度规划，合理确定运输路线及运输进度。

（3）预制构件施工塔吊规划

施工塔吊规划布置需要满足塔吊拆除要求、构件吊运要求和施工进度要求。通过塔吊 BIM 模型的规划方案比选，得出最优塔吊位置，确保吊力最优。结合塔吊的控制范围，可将预制构件从进场到吊装的全过程路径真实模拟分析，最大程度保护预制构件、减少损失，提高施工质量。

施工场地规划应用流程如表 5.1 所示。科学合理的施工场地规划，可以节约场地空间，减少场地内不必要的设备及材料搬运，避免流线交叉干扰，确保施工安全，加快工程建设进度。

表 5.1　基于BIM技术的施工场地规划应用流程

<table>
<tr><th>资料收集</th><th>BIM 设计建模</th><th>BIM 设计优化</th><th>BIM 跟踪反馈</th></tr>
<tr><td rowspan="3">1. 项目概况；
2. 项目周边地形资料；
3. 规划总平面图；
4. 建筑单体设计图；
5. 项目施工组织方案；
6. 项目施工进度计划；
7. 施工总平面图；
8. 施工场地专用 BIM 族库</td><td>建立施工场地 BIM 模型</td><td rowspan="3">根据项目进度计划安排，综合考虑成本、进度、安全等因素，优化施工场地规划方案及 BIM 模型</td><td>根据项目现场实际情况，对施工场地规划方案及 BIM 模型进行跟踪调整</td></tr>
<tr><td>关键指标</td><td>关键指标</td></tr>
<tr><td>1. 道路布局及回车场地；
2. 永久及临时性建筑物；
3. 施工塔吊及施工设施；
4. 工程建设五牌一图等</td><td>1. 制定应急预案管理方案，制作模拟动画；
2. 制定安全文明施工管理方案；
3. 制定智慧工地管理方案</td></tr>
</table>

利用 REVIT 软件建立如图 5.1 所示的施工场地 BIM 模型，在 NAVISWORKS 软件中，根据施工进度计划，设置施工塔吊工作区域，对预制构件货运路线、预制构件堆场、塔吊吊装进行模拟，检验施工场地规划布局的合理性。

图 5.1　施工场地 BIM 模型

5.2　施工工艺模拟

针对装配式建筑采用 BIM 技术进行施工工艺模拟，验证施工工艺的可行性，对施工工艺进行优化和调整，从而制定出最佳施工方案。施工方案 BIM 模型可基于施工图设计模型或深化设计模型创建，并将施工方案信息与 BIM 模型关联，补充完善模型信息。在施工方案模拟前应明确工期时间节点、工序接口管理重点、设备材料到货需求等信息，确认工艺流程及相关技术要求。在施工工艺模拟过程中应将涉及的进度计划、工作面、施工机械以及工序交接、质量安全要求等信息与模型关联，通过施工工艺模拟优化施工组织方案。

施工工艺模拟内容可根据项目施工实际需求确定，主要包含土方工程、大型设备安装、垂直运输、脚手架工程等内容。土方工程施工工艺模拟应综合分析土方开挖量、开挖顺序、开挖机械数量、车辆运输能力等因素，优化土方工程方案。大型设备安装模拟应综合分析建筑结构、障碍物、吊运路径、起重运输设备等因素，优化大型设备的到货安装时间节点、吊装运输路径、预留洞口及搬运路线等内容。

针对装配式建筑，施工工艺模拟还包括：预制构件吊装模拟、预制构件拼装模拟、装配式模板安装模拟、支撑体系安装模拟、预制墙板安装模拟、集成厨房及卫生间安装模拟等专项内容。

（1）预制构件吊装模拟

预制构件吊装顺序：先吊内墙和叠合梁，后绑扎墙柱钢筋，方便吊装就位。预制构件吊装模拟应针对不同类型构件模拟起吊位置、角度、吊运路线及吊运速度。装配式建筑预制构件吊装模拟是后续施工方案的基础。后续需要进一步对与预制构件相关的支撑防护、现浇节点模板以及测量放线定位进行可视化模拟。预制构件的具体吊装程序详见表 5.2。

起重设备与吊具应依据施工场地规划平面布置图、附着墙节点详图、设备技术参数、吊具类型及技术参数、重型预制构件重量及堆场位置进行模型创建、深化和应用，并满足下列要求：应表示工程实体包括起重设备及其位置关系；进行起重设备对预制构件的吊装分析；对起重设备位置、型号以及吊具选择的合理性、可行性进行优化调整。

表5.2　预制构件吊装程序

阶段	操作内容	图示
准备阶段	调用装配式建筑模型的中心文件	
	选取标准层	
	设置预制构件吊装优先级、编号及颜色	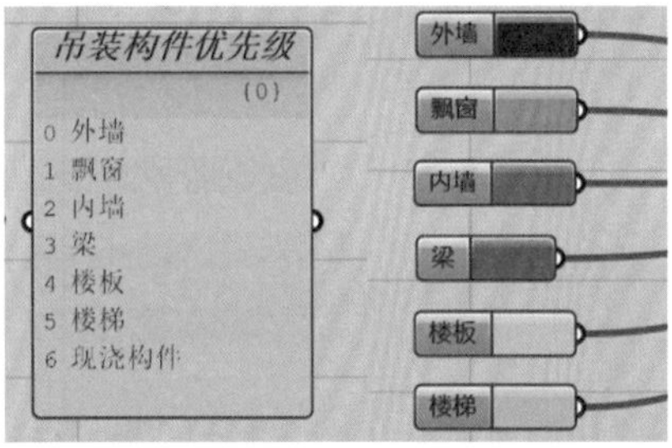
	设置塔吊位置并检查构件起吊的情况	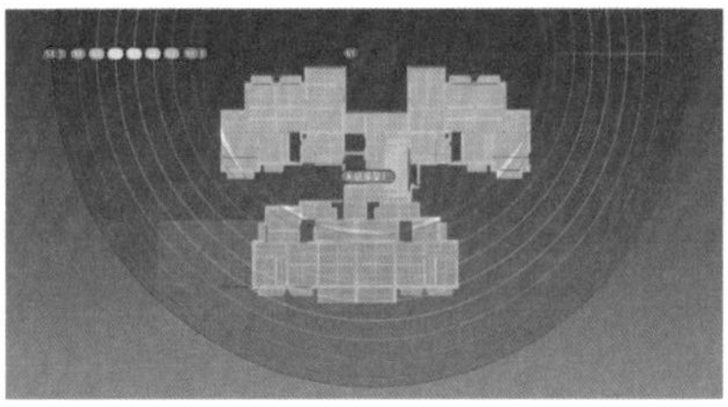
吊装顺序设置	建立预制构件吊装顺序	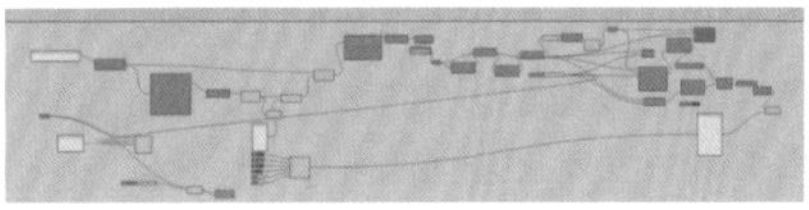

（续表）

阶段	操作内容	图示
吊装顺序计算	应用吊装顺序进行计算，得到吊装顺序标识模型	
输出图纸及清单	导出不同构件的吊装顺序图	
	导出不同构件装配顺序图	吊装程序图
	导出构件装配顺序表	（见下表）

项目编号	楼层	构件类型	构件编号	尺寸	装配顺序	体积	重量
11512001	4F	外墙	WQX1104(027)	6200x200x2850	1	1.6627	4.32302
11512001	4F	外墙	WQY0901(042)	1680x200x2800	2	0.9408	2.44608
11512001	4F	外墙	WQY1801(053)	4950x200x2850	3	2.3185	6.0281
11512001	4F	外墙	WQX0401(009)	2200x200x2600	4	1.1325	2.9445
11512001	4F	外墙	WQX0901(021)	4100x200x2850	5	2.0414	5.30764
11512001	4F	外墙	WQY0501(036)	3100x200x2850	6	1.2214	3.17564
11512001	4F	外墙	WQY1201(047)	2200x200x2980	7	1.3009	3.38234
11512001	4F	外墙	WQX0504(015)	4500x200x2850	8	1.5744	4.09344
11512001	4F	外墙	WQX1103(026)	3400x200x2850	9	0.6847	1.78022
11512001	4F	外墙	WQY0803(041)	4740x200x2980	10	2.2957	5.96882
11512001	4F	外墙	WQY1601(051)	660x100x3010	11	0.1964	0.51064
11512001	4F	外墙	WQX0304(008)	5800x200x2850	12	1.6202	4.21252
11512001	4F	外墙	WQX0702(019)	1000x200x2980	13	0.564	1.4664
11512001	4F	外墙	WQY0301(034)	3900x200x2850	14	1.8921	4.91946
11512001	4F	外墙	WQY1103(046)	5500x200x2910	15	2.8385	7.3801
11512001	4F	外墙	WQX0503(014)	4400x200x2850	16	1.5605	4.0573
11512001	4F	外墙	WQX1102(025)	3400x200x2850	17	0.6847	1.78022
11512001	4F	外墙	WQY0802(040)	4500x200x2850	18	2.117	5.5042
11512001	4F	外墙	WQY1701(052)	2600x200x2850	19	1.4656	3.81056
11512001	4F	外墙	WQX0303(007)	3750x200x2850	20	0.8007	2.08182
11512001	4F	外墙	WQX0701(018)	2800x200x2800	21	1.5478	4.02428
11512001	4F	外墙	WQY0401(035)	660x100x3010	22	0.1964	0.51064
11512001	4F	外墙	WQY1102(045)	4500x200x2850	23	2.1168	5.50368
11512001	4F	外墙	WQX0502(013)	4400x200x2850	24	1.5491	4.02766
11512001	4F	外墙	WQX1101(024)	6200x200x2850	25	1.664	4.3264
11512001	4F	外墙	WQY0801(039)	1680x200x2800	26	0.9398	2.44348
11512001	4F	外墙	WQY1501(050)	3900x200x2850	27	1.8921	4.91946
11512001	4F	外墙	WQX0302(006)	3750x200x2850	28	0.8007	2.08182
11512001	4F	外墙	WQX0801(020)	2400x200x2850	29	1.3665	3.5529
11512001	4F	外墙	WQY0201(033)	2600x200x2850	30	1.4656	3.81056
11512001	4F	外墙	WQY1101(044)	1680x200x2800	31	0.9398	2.44348
11512001	4F	外墙	WQX0501(012)	5349x1661x2850	32	3.2336	8.4071

（2）预制构件拼装模拟

预制构件拼装模拟应综合分析连接件定位、拼装部件之间的连接方式、拼装空间要求以及拼装顺序等因素，检验预制构件加工精度，进行可视化展示或施工交底。及时记录出现的工序交接、施工定位等问题，形成预制构件拼装模拟分析报告以及施工工艺方案优化文件[69]。

预制构件拼装模拟应包含下列内容：模拟标准层所有预制构件的安装

顺序，模拟相邻预制构件的安装先后顺序，模拟不同种类、不同部位的预制构件与相邻现浇节点钢筋的位置关系及安装顺序，模拟现浇节点主筋与箍筋的绑扎顺序，模拟预制隔墙与主体结构连接节点安装顺序。

（3）装配式模板安装模拟

装配式模板施工工艺模拟应优化模板数量和类型，优化支撑系统数量、类型和间距，支设流程和定位，结构预埋件定位等。装配式模板 BIM 模型应根据设计图纸、安装编码信息、分区打包信息及项目实际需求进行深化和应用，应正确反映模板定位及装配顺序，并包含工程实体及装配式模板的基本信息。对装配式模板的配模和加固支撑的合理性、可行性进行甄别，并进行相应的调整优化。通过含有安装编码及分区打包信息的装配式模板 BIM 模型指导施工单位按图装配施工。

（4）支撑体系安装模拟

支撑体系安装是装配式建筑预制构件安装过程中的辅助工作，涉及安装过程的安全及效率，因此需要进行支撑体系安装模拟，详见表 5.3。支撑体系依据预制构件和装配式模板支撑加固布置图、预制构件安装节点图、辅助安装构件大样图等进行支撑体系 BIM 模型创建、深化和应用。

支撑体系 BIM 模型应符合施工阶段的特点及现场情况，完整表示工程实体和支撑加固体系及其相互关系，包含工程实体及支撑加固体系的相关信息。进行支撑加固体系内部及与主体结构的碰撞检查及优化，对支撑加固体系安装和使用过程中的危险源进行模型标识，对支撑、加固、辅助安装措施的合理性、可行性进行比较分析及相应的调整优化。

表5.3　支撑体系安装模拟

支撑类型	设计操作过程	图示
竖向构件斜支撑	选择斜支撑的类型，明确支撑连接处的螺栓规格是否与构件上的预埋点位对应	
	对斜支撑的位置进行设计	

（续表）

支撑类型	设计操作过程	图示
竖向构件斜支撑	对全部构件进行斜支撑的设计，明确施工通道及预埋件在现浇部位的连接位置	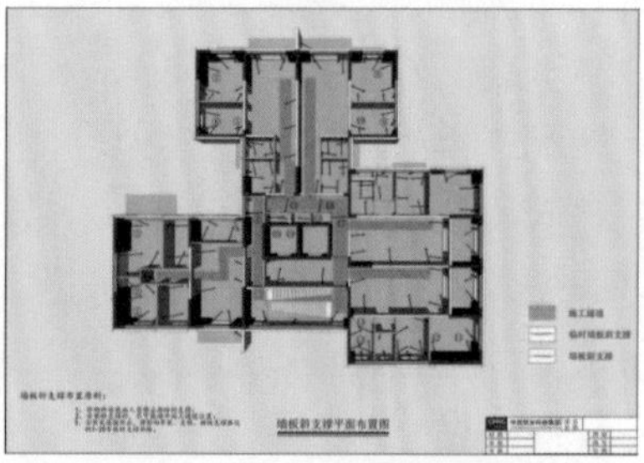
水平构件盘扣式支撑	选择盘扣架立杆类型，明确立杆的规格尺寸	
	选择盘扣架横杆的类型及规格尺寸	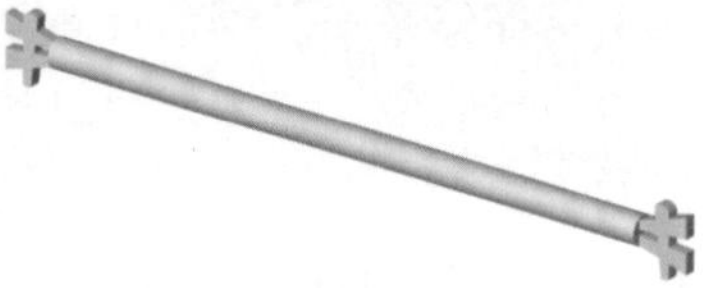
	搭建单榀支撑模块	
	搭建标准层支撑构件	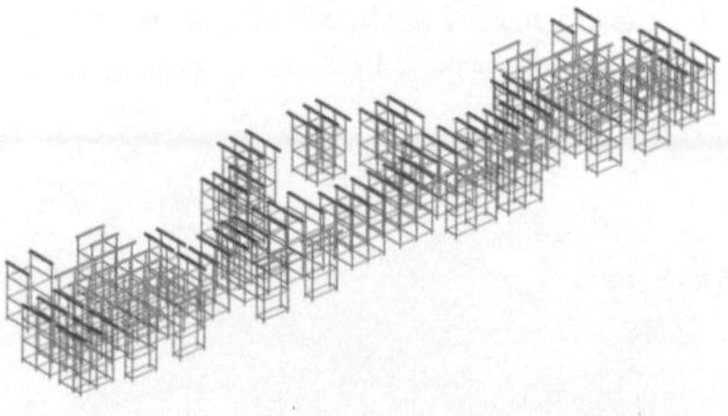
	针对水平构件进行标准层支撑方案设计	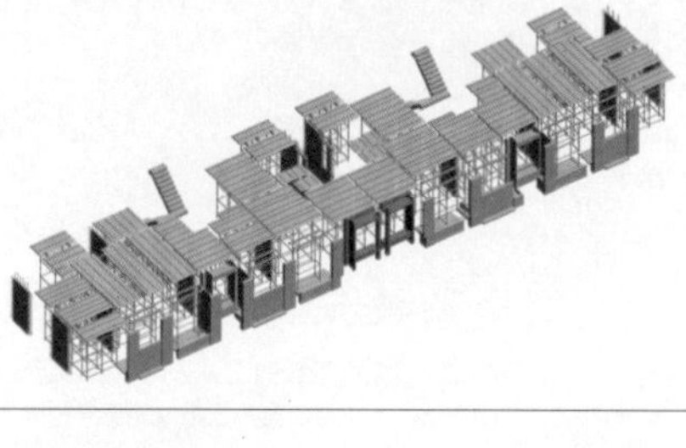

（续表）

支撑类型	设计操作过程	图示
	选择立杆式独立支撑形式	
水平构件独立式支撑	选择板拖作为支撑构件	
	编制独立竖向支撑方案	

（5）预制墙板安装模拟

装配式建筑对干作业的施工工艺要求较高，一旦施工过程中出现问题，不仅会造成预制构件的损坏浪费，还可能会对施工现场及装配式建筑的安全质量造成影响。预制外围护墙板及预制内隔墙板的安装，要求标准化作业流程。通过 BIM 技术的应用，对预制墙板的吊装、连接节点的拼装、预留预埋设置和空间碰撞进行模拟，以此为依据来分析施工 BIM 模型是否满足施工工艺要求，并对不合理的地方进行优化调整。

将优化后的预制墙板 BIM 模型（如图 5.2 所示）导入 NAVISWORKS

图 5.2　预制墙板 BIM 模型

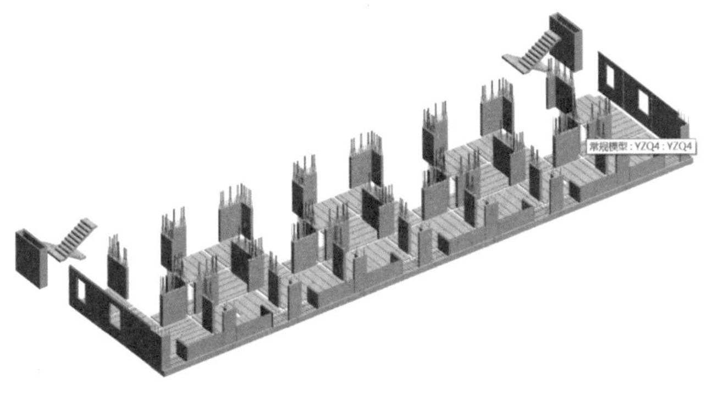

（a）标准层预制内隔墙构件

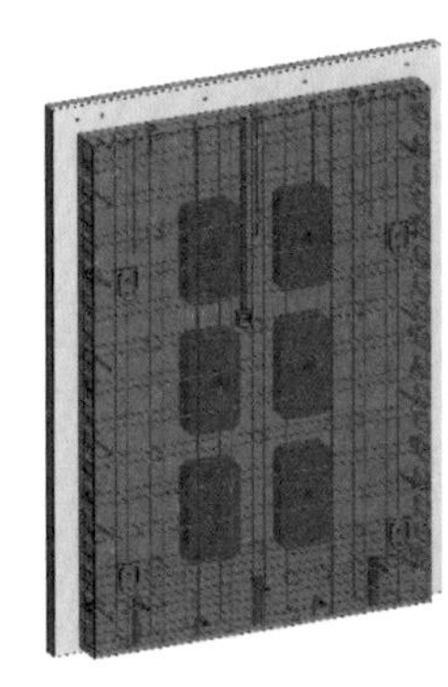

（b）预制夹心保温外墙板

中进行碰撞检查，统计碰撞位置。对所有碰撞进行优化后，制作安装模拟动画，对关键节点及施工质量控制点进行现场三维交底，结合 VR、AR 技术，使现场施工人员能够更加直观地理解设计意图、施工注意事项，从而避免质量及安全事故的发生，提高预制墙板装配进度和精度。

5.3　施工进度管理

装配式建筑施工进度管理主要基于 BIM 施工进度管理模型，对装配式建筑进行施工进度计划编制和进度控制，分析实际进度与计划进度之间的差距，及时进行进度预警，及时调整进度计划。将进度计划与模型关联生成施工进度管理模型。在 BIM 进度控制过程中，应对实际进度的原始数据进行收集、整理、统计和分析，并将实际进度信息附加或关联到施工进度管理模型上。

基于 BIM 技术的施工进度计划编制，是将具体施工任务的信息与 BIM 模型相关联，在施工进度管理模型基础上进行工作分解、计划编制、工程量计算、资源调配、可视化形象进度展示。通过对优化后的工程进度计划进行审查，看其是否满足工期要求及关键节点要求，如不满足则调整，进而实现对工期的有效监控和管理。

基于 BIM 技术的施工进度计划控制，是在施工实施过程中，按照已经核准的工程进度计划，定期追踪和检验项目的实际进度情况，实时采集现场实际进度信息并反馈至进度管理模型，进行项目施工进度计划模拟优化、动态工序碰撞检查，提高施工工序衔接及进度计划合理性，通过实际进度与计划进度间的对比分析，寻找影响工期的干扰因素，及时修正更新进度计划，对施工进度进行有效管理，确保工程项目总体进度目标的实现。

装配式建筑施工进度模拟包含对施工各阶段工序安排进行细部优化，模拟各阶段工序进度排布，优化整体工序安排。以装配式建筑标准层施工进度模拟为例：根据标准工期对标准层整体施工工艺进行模拟；模拟预制构件安装、现浇部分钢筋绑扎、铝合金模板安装、支撑加固体系施工的穿插顺序及穿插时间；模拟水电管线安装的穿插顺序及穿插时间；模拟爬架、布料机提升的穿插时间。通过合理调配，提高施工组织效率，节省总工期。

通过物联网技术与 BIM 模型联合应用，能将施工进度模拟与施工现场紧密关联，最大限度地发挥 BIM 模型的价值，如图 5.3 所示。根据装配式建筑施工进度计划在各个预制构件中添加生产、运输、吊装等时间信息，生成预制构件施工进度管理模型。利用施工进度管理模型进行可视化施工模拟。在预制构件中集成 RFID 传感器，在现场施工阶段通过扫描读取

RFID 标签数据，添加该阶段信息至 RFID 标签中，根据构件编码将施工现场实际的进度信息关联到施工进度管理模型上，结合后端 BIM 施工管理平台，分析项目进度情况，并与计划进度进行对比分析，对进度偏差进行调整，更新目标计划，合理安排施工工序。并生成施工进度模拟动画与施工进度控制报告，实现对预制构件的施工安装进度管理，如图 5.4 所示。

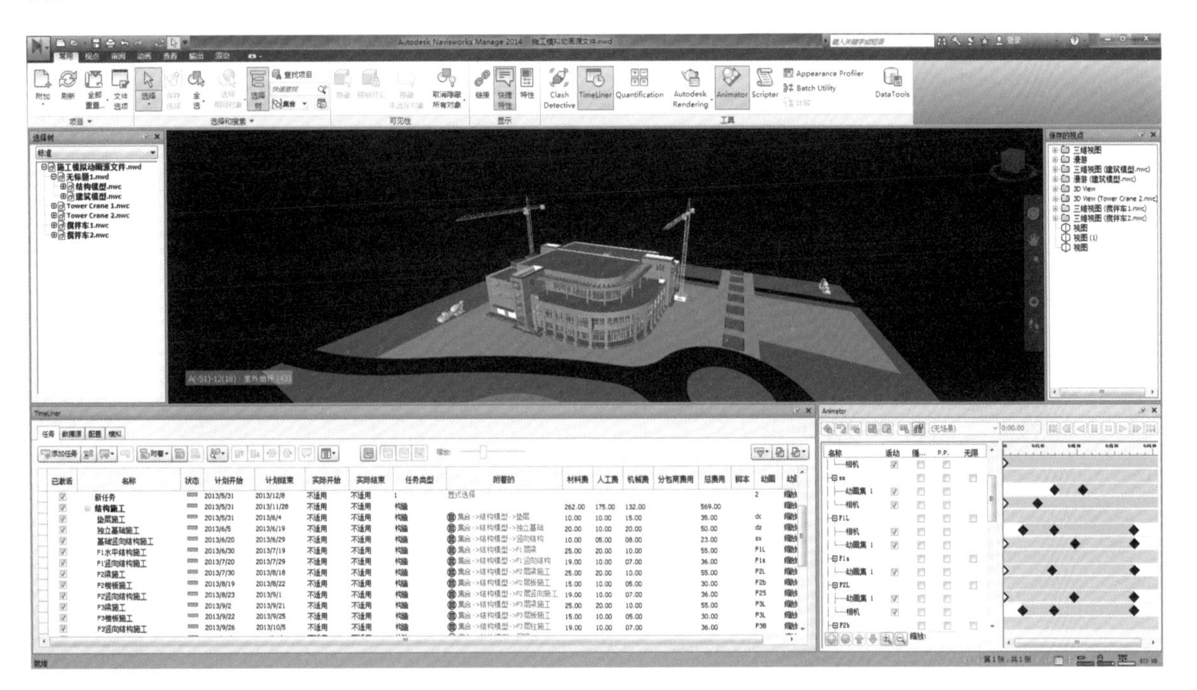

图 5.3　BIM 施工进度模拟

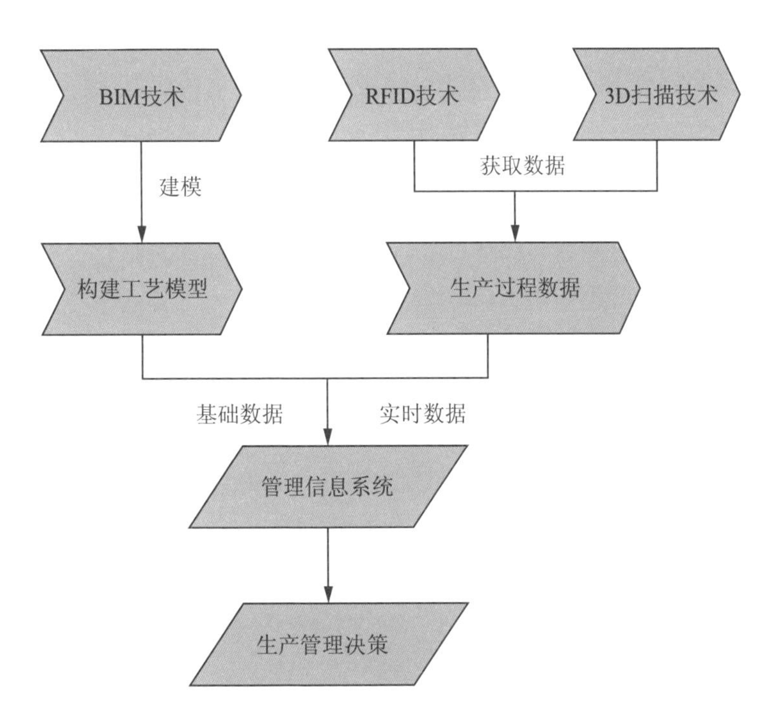

图 5.4　预制构件施工安装进度管理

5.4 施工成本管理

基于 BIM 施工协同管理平台进行施工成本管理，包括成本计划制订、合同预算成本计算、三算对比、成本核算、成本分析等环节。在施工成本管理中 BIM 技术应用的核心目标是利用 BIM 施工管理模型实现成本的动态统计和分析。基于 BIM 施工管理模型，以及工程量清单及定额创建成本管理模型，定期进行预算成本、计划成本、实际成本三算对比，定期进行成本核算、成本分析。

依据 BIM 施工管理模型实时统计分析各施工阶段的劳务、材料、设备等需求量，在此基础上形成施工成本控制计划。将实际成本支出与成本计划进行对比，根据对比分析结果修订成本管控措施。

施工图预算管理中，基于施工图 BIM 模型创建施工图预算 BIM 模型。BIM 模型用于装配式建筑施工预算的招标控制价编制、招标预算工程量清单编制、投标工程量清单与报价单编制、工程成本测算等工作，帮助提高工程量计算准确性，降低管理成本与预算风险。

在建筑材料成本控制方面，按照施工进度情况，通过施工图预算 BIM 模型自动提取材料需求计划，并根据材料需求计划指导施工，避免材料超支。

对于预制构件的成本管理，其成本控制始于预制构件设计阶段。预制构件在生产制造前需要依据工厂的环境、设备等实际情况，结合 BIM 技术进行深化设计，使预制构件的信息更加完备。建立预制构件参数化模具库，将工厂预制模具模型与构件模型进行校核，对模具进行优化，减少非标模具使用，能够大大节约成本。

在预制构件运输阶段，基于 BIM 技术的可视化和模拟化特点，可以更加科学地选择运输路线。通过 RFID 技术实现构件从制造到运输及仓储等各个环节的实时监控，整个运输过程实现实时跟进，提高构件运输效率，最大限度地降低构件运输成本。

在预制构件装配施工阶段，主要考虑构件装配所用的吊装机械位置是否合适、各种构件装配的施工工艺是否正确。通过施工装配现场合理的规划布局可以提高构件装配效率，降低施工成本。通过对装配工序进行模拟，掌握各个装配环节的时间节点和装配工序也可以提高装配效率并减少材料损耗。通过 BIM 施工深化模型，不同装配施工方案进行经济性比选，降低预制构件施工建造成本。表 5.4 为施工成本控制表。

表5.4 施工成本控制表

成本控制环节	成本控制要求
设立项目成本数据和定额数据	收集施工各环节的准确成本数据

（续表）

成本控制环节	成本控制要求
施工成本与 BIM 施工管理模型关联	将 BIM 施工管理模型与施工进度计划、施工工序整合，形成可以表现整个项目施工情况的施工计划模拟文件
BIM 施工管理模型进行可视化模拟	根据可视化施工计划模拟文件，对施工成本控制环节进行优化，形成可行的施工计划方案，便于实现对施工成本的精确管控
施工成本实时跟踪	利用施工计划模拟文件指导施工，施工成本数据及时录入 BIM 施工管理模型，实际成本支出与项目计划进行对比，对施工计划及时进行调整更新，实现对施工成本的有效实时管控

5.5　施工质量管理

装配式建筑的施工质量管理不同于现浇建筑，不仅涉及现场安装过程，同时工厂生产加工也是装配式建筑的质量控制要点。结合 BIM 技术的应用，形成装配式建筑质量管理各阶段数据模型库，结合物联网技术，能够对装配式建筑工程施工质量进行全过程把控。

建立 BIM 施工质量管理模型。依据工程质量验收标准确定质量验收计划，进行质量验收、质量问题分析及处理。施工质量管理模型元素应关联各类质量管理信息。利用 BIM 模型按部位、时间、责任人员等对质量信息和质量问题进行汇总和展示。图 5.5 为 BIM 全生命周期质量管理要点。

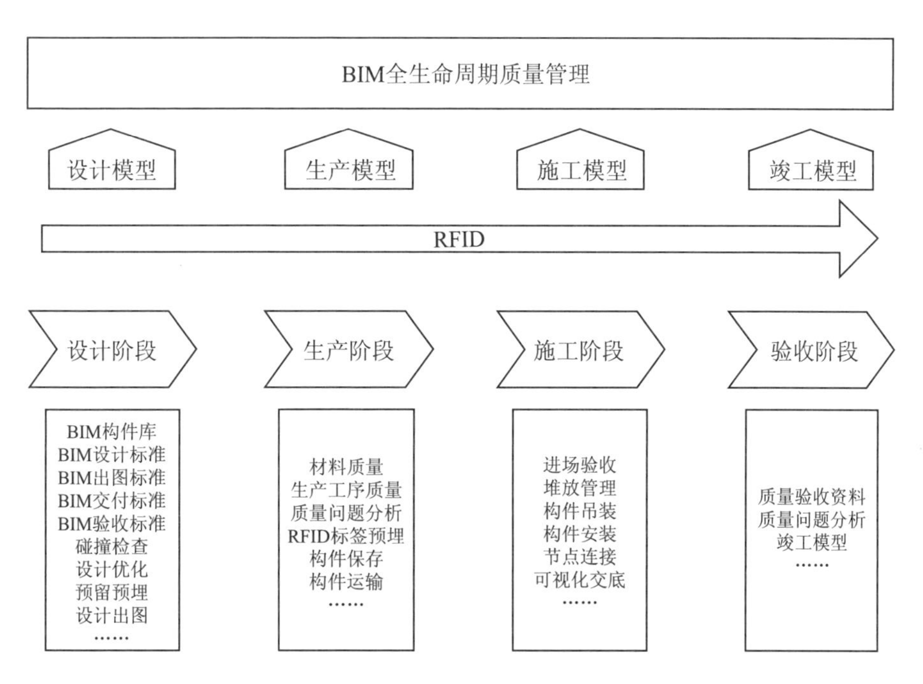

图 5.5　BIM 全生命周期质量管理要点

结合 BIM 施工管理平台，利用 BIM 施工质量管理模型的可视化功能，准确、清晰地向施工人员表达设计意图。图纸和三维模型的结合，有效提高了施工的准确性。基于 BIM 施工质量管理模型对施工现场重要生产要素进行可视化模拟和实时监控，通过对质量问题的辨识和动态管理，减少和防范施工过程中的质量通病。同时，可通过施工过程模拟，帮助施工人员熟悉施工工艺及要求。通过现场施工与 BIM 施工模型的比对，提高质量检查的效率与准确性，进而实现项目质量可控的目标 [30]。

对于预制构件的质量管理，施工现场人员可以扫描预制构件二维码，包含了预制构件的尺寸、材料、位置等信息。针对预制构件在生产、运输过程中出现的质量问题，可以快速确认不合格预制构件的属性，反馈给构件厂重新加工制作。通过 BIM 施工质量管理模型的应用，对项目的施工质量数据进行记录和分析，形成预制构件质量闭环管理。

对于施工过程中出现的质量问题，在 BIM 施工质量管理模型中通过现场监控将实时信息关联至 BIM 模型相关对应部位，对存在的问题进行记录分析，提供相应的解决方案。对类似问题进行预警，提高装配式建筑全过程质量管控能力。依据施工质量管理 BIM 模型编制施工质量检查报告，包含了虚拟 BIM 模型与现场施工情况一致性的比对分析。

5.6 施工安全管理

基于 BIM 技术的施工安全管理，对施工现场的人、物、环境构成的施工生产体系进行可视化模拟和实时监控动态管理，可有效辨识危险源和施工难度区域，提前做好相应的安全策划工作，消除和减少不安全因素，确保工程项目的安全管理目标得以实现。

BIM 施工安全管理模型可基于施工图深化设计模型创建，BIM 模型的建立需要依据专项施工方案、技术交底方案、设计交底方案、危险源辨识计划、施工安全策划书以及其他的特定安全管理要求。BIM 模型应用于安全技术措施制定、实施方案策划、实施过程监控及动态管理、安全隐患分析及事故处理等环节。

BIM 施工安全管理模型应完善安全防护等安全设施配置信息，包括脚手架防护、基坑支护、模板工程、消防疏散分区、安全通道平面布置、施工升降安全、塔吊、起重吊装安全、施工机具安全等信息。在确定安全技术措施计划时，可使用施工安全管理模型帮助识别风险源。在实施安全技术措施时，宜使用施工安全管理模型进行安全技术交底。同时，可由模型输出相关的视图照片、问题跟踪记录等信息，辅助编制施工安全分析报告。

依据施工现场的实际情况，实时更新施工安全管理模型，对危险源进行动态辨识和动态评价。模型应准确表达预制构件吊装操作半径、高空作业防坠保护措施、现场消防及临水临电的安全使用措施等。通过对实际施工方案、实施过程的模拟和交底，直观展示各阶段施工步骤、施工工序之间的逻辑关系，使现场技术人员、施工人员对工程项目的技术要求、质量要求、安全要求、施工方法等透彻理解，便于科学组织施工，避免技术质量事故的发生。同时，依据施工安全管理模型进行有效的现场管理，及时将现场存在的问题反馈至 BIM 模型，便于检查验收、整改责任认定、安全隐患的跟踪解决。

处理安全隐患和事故时,使用施工安全管理模型制定相应的整改措施,并将安全隐患整改信息关联到模型中。分析安全问题时，利用施工安全管理模型，按部位、时间等对安全信息和问题进行汇总和展示。当安全事故发生时，将事故调查报告关联到相关模型元素中。在编制施工安全分析报告时应记录虚拟施工中发现的危险源及采取的改进措施，以及结合 BIM 模型对问题的分析与解决方案 [32]。表 5.5 为施工安全管理表。

表5.5　施工安全管理表

施工安全管理步骤	施工安全管理内容
数据调用	在 BIM 施工安全管理模型的基础上对数据进行整理
现场数据关联	建立设备、设施安全巡查二维码
	粘贴现场二维码
巡视记录	现场扫码并进行巡查
现场数据整理与汇总	现场数据采集汇总到 BIM 施工安全管理平台
	形成管理数据链和数据库
报告整理	形成施工安全管理报告

5.7　竣工模型交付

在装配式建筑施工建造结束后，需要对照 BIM 相关标准及工程建设相关标准进行交付验收。其验收内容主要包括竣工资料验收、BIM 竣工模型验收两部分。竣工验收资料主要包含技术交底资料、实测实量数据、装配式构件资料、质量管理资料、安全管理资料、成本管理资料、设备管理资料等。在装配式建筑施工过程中，相关资料同步收集，相关信息实时关联到 BIM 施工管理模型及管理平台，保证对项目建造信息的有效管理。

在进行 BIM 竣工模型验收时,可制定 BIM 成果验收表,进行逐项验收,不合格项、信息不完整项需进行整改。在装配式建筑竣工验收时，将验收信息添加到 BIM 施工管理全专业模型中，并根据现场实际情况进行修正，以保证 BIM 模型与工程建设实体的一致性，进而形成 BIM 竣工模型 [32]，如图 5.6 所示。BIM 竣工模型应将预制构件与现浇构件分类储存，并包括完整的机电设备管线。根据装配式建筑运维需要，可添加机电设备的厂商、型号、价格等属性信息，作为后期 BIM 智能化运维模型的数据基础。只有满足验收标准的 BIM 竣工模型，才能保证项目建设信息的有效传递，在项目后期运营维护中发挥作用。

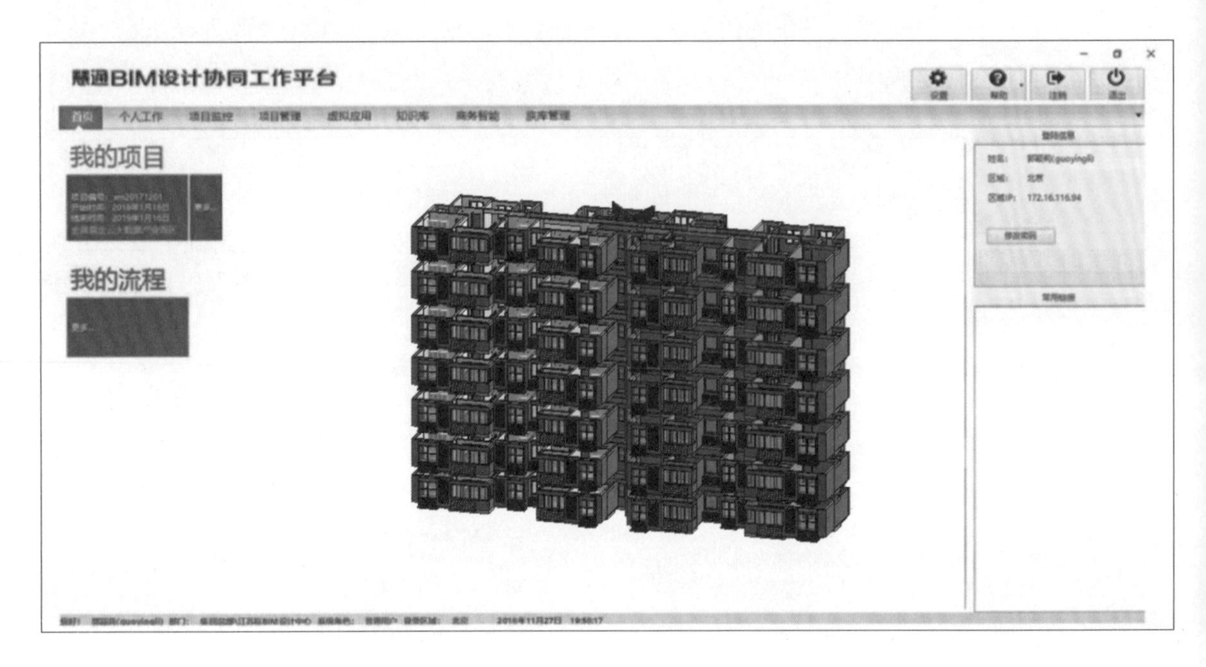

图 5.6　BIM 竣工模型

5.8　BIM 施工协同管理平台构建

以 BIM 为载体，搭建装配式建筑施工协同管理平台，打造设计、生产、施工一体化的施工协同管理环境，可实现工程建设管理由传统的经验管理向信息化管理的转变，提升施工建造质量，提高施工管理效率，确保工程建设目标的顺利实现。

BIM 施工协同管理平台在项目建设过程中持续添加施工进度、安全、质量以及成本信息，通过 BIM 施工管理模型进行存储和整合，保证了数据的真实性。BIM 施工协同管理平台能保持信息不断更新并可提供实时访问，使项目施工、监理、设计管理人员以及业主可以全面及时地了解工程项目建设进展。BIM 施工协同管理平台主要有 C/S、B/S、M/S 端组成，可以满足在施工过程中施工管理的数字化、智能化以及便携化。BIM 施工协同管理平台系统架构组成见图 5.7 所示。

在传统项目施工管理模式中，现场资料管理更多依赖纸质文件，在复杂项目实施过程中，由于管理手段落后，间接导致工程安全、质量、进度不可控。构建基于 BIM 技术的施工协同管理平台能够充分发挥 BIM 模型的数据整合优势，结合协同管理平台的针对性功能菜单，如图 5.8 所示，实现对装配式建筑的数字化建造管理。通过协同管理平台，改善目前装配式建筑施工管理工作界面复杂、各施工参与方信息不对称、建设进度及工程质量管控困难等一系列问题，为实现多方位、多角度、多层次的施工管理提供信息化管理工具，从而提高装配式建筑施工管理水平。

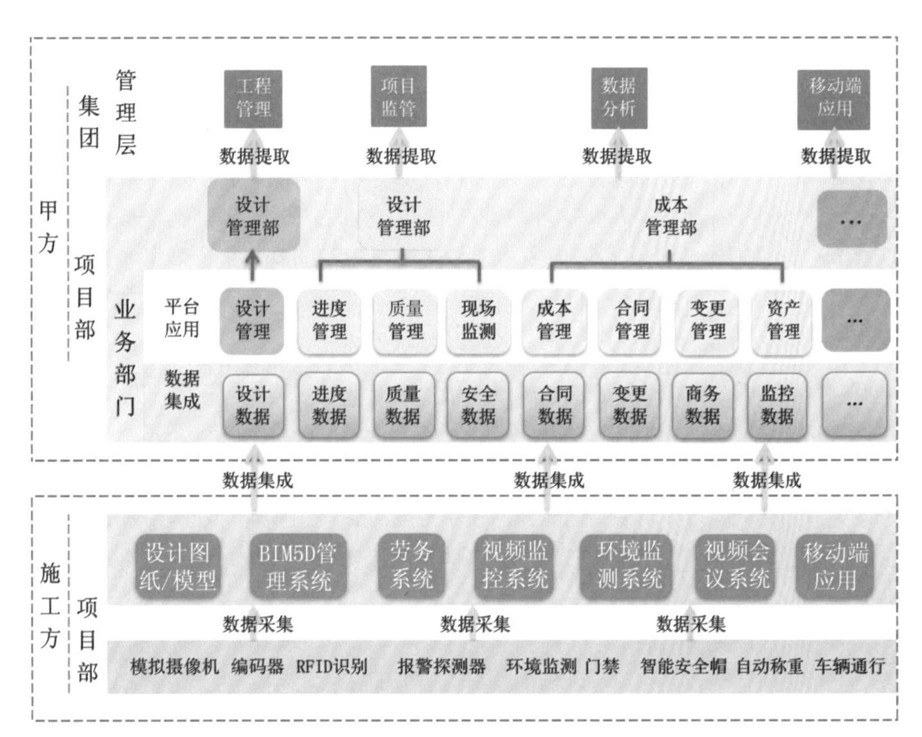

图 5.7　BIM 施工协同管理平台系统架构

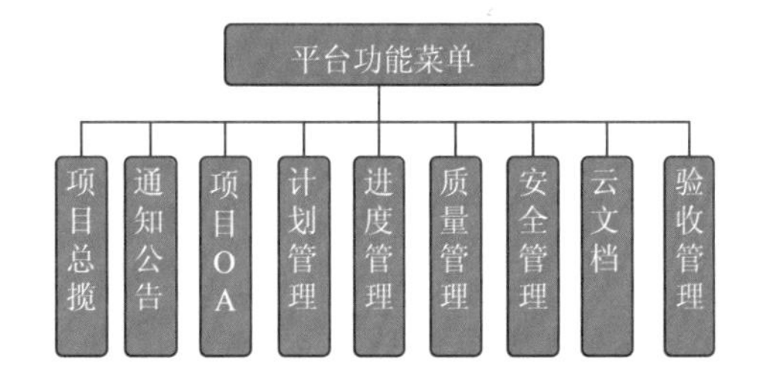

图 5.8　BIM 施工协同管理平台功能菜单

构建 BIM 施工协同管理平台，首先要注重平台数据兼容能力。协同管理平台宜具备良好的数据接口，兼容不同格式的建筑信息模型，具备良好的模型显示、加载效率等能力，具备多参与方协同工作功能。与设计协同管理平台、生产协同管理平台、运维协同管理平台可有效对接。

其次，要确保各类数据与 BIM 模型实时关联。协同管理平台宜具备施工管理各部门业务数据与模型实时关联的功能。各部门业务数据如设计图纸、施工管理资料、进度报表、预制构件产品性能、成本数据、合同信息、质量管理信息、安全管理信息、人力资源信息、施工机械和材料信息等与 BIM 模型直接关联，实现工程建设数据信息互联互通，具备各部门和各业务领域工程数据信息交互的能力。

5.9 BIM 施工协同管理平台应用

装配式建筑 BIM 施工协同管理平台是通过标准化管理流程，结合信息化手段，实现工程建设信息在各职能角色间高效传递和实时共享，为决策层提供及时的审批及控制方式，提高项目规范化管理水平和效率。为施工总包、各专业分包、外部接口提供一体化协同工作环境，固化技术要求和管理流程，实现既定的施工管理目标。项目建设信息以系统化、结构化方式进行存储，提高数据安全性，加强工程数据信息资源的有效利用。

基于 BIM 技术的施工协同管理平台具备项目管理各专业领域的集成应用能力。按照现场施工管理要求，按照工作面、时间段等多种角度提供各部门和各业务领域的项目管理信息，实现项目管理各业务领域的集成应用，具备一定的计算分析、模拟仿真以及成果表达能力，为科学决策提供支持。

BIM 施工协同管理平台应用维度主要包括以下几方面内容：

（1）工程资料管理

实现装配式建筑项目建设全过程的往来文件、图纸、各阶段 BIM 应用成果等资料的收集、存储、提取及审阅等功能，便于业主及时掌握项目投资成本、工程进展、建设质量等重要信息。

（2）设计成果管理

基于施工深化设计模型，进行多专业碰撞检测和设计优化，提前发现设计问题，减少设计变更，提高深化设计质量。BIM 模型可视化表达提高方案论证、技术交底效率，并形成问题跟踪记录。同时，进行设计文件的版本发布、存档等设计成果管理。

（3）施工进度管理

通过施工进度模拟，评估施工进度计划的可行性，识别关键控制点，及时采集工程项目实际进度信息，并与项目计划进度进行对比，动态跟踪与分析项目进展情况，为进度计划的实时优化和调整提供支持。

（4）施工质量与安全管理

基于 BIM 施工管理模型，对项目各参与方所提交的阶段性或重要节点的成果文件进行检查与监督，进行三维可视化动态漫游、施工方案模拟、施工进度计划模拟等，预先识别工程施工质量、施工安全关键控制点。将施工质量、安全管理要求集成在 BIM 模型中，进行质量、安全方面的模拟仿真以及方案优化，依据移动设备搭载的 BIM 施工管理模型进行施工现场质量安全检查，BIM 施工协同管理平台与其信息对接，实现对检查验收、跟踪记录和统计分析结果的有效管理。

（5）施工成本管理

基于 BIM 施工管理模型，有效集成项目实际工程量、工程进度计划、工程实际成本等信息，并与模型关联，实现快速准确的工程量计算。进行不同维度的成本计算分析，有助于对建设成本的动态控制。基于 BIM 模型进行多维度成本对比分析，及时发现成本异常并采取纠偏措施。方便业主方能够进行动态化的成本核算，及时控制工程的实际投资成本，掌握动态的合同款项支付情况以及实际的工程进展情况，确保项目能够在核准的预算时间内完成既定目标，提升业主对该项目建设成本的控制能力与管理水平。

通过 BIM 施工协同管理平台的应用，项目设计方、总包方、监理方应用协同管理平台工具进行各自的信息化管理，过程中会积累大量项目数据，形成项目施工管理数据库。利用协同管理平台的汇总、分析计算功能，对项目建设大数据进行整理，可实现同类装配式建筑项目建设全过程的精细化、信息化、通用化管控。

施工协同管理平台以 BIM 模型作为集成基础，在技术层面上适合各专业、各参建方、各管理方的协同工作。

以预制构件的施工安装为例。基于 BIM 施工协同管理平台，预制构件在工厂开始制造以前，统筹考虑设计、生产和施工安装过程的各种要求，利用 BIM 可视化模型实现各专业协同工作，进行构件制造模拟和施工安装模拟，通过碰撞检测，对施工方案进行优化与调整，达到构件设计、工厂生产和现场安装的高效协同，确定最佳施工管理方案，并开展施工建造。

第6章　基于BIM技术的装配式建筑运维阶段一体化集成应用

BIM技术在装配式建筑运维阶段应用的目的，是充分发挥BIM模型和数据的实际应用价值，提高项目运维管理效率，提升服务品质，以及降低运维成本，为装配式建筑的可持续运营提供解决方案。

运维阶段BIM应用是基于业主对设施运营的具体需求，充分利用BIM竣工交付模型，搭建装配式建筑运维协同管理平台。其主要工作内容包括：运维管理需求分析、运维管理系统架构搭建、运维管理模型构建、运维管理系统数据采集、运维管理系统数据集成、运维管理系统维护等多个环节。其中基于BIM模型的运维管理主要功能包括：空间管理、资产管理、设施设备运行管理、建筑能耗管理、建筑安全管理等。

BIM运维协同管理相比于传统建筑运维管理具有以下优势：

（1）基于BIM模型的全生命周期应用

运用BIM模型进行运维管理，最大限度地继承了设计、生产、施工阶段的信息，这也是BIM数据流转的最终目标。在项目建设的不同阶段，分别录入该阶段各类项目信息，形成项目建设数据库。在项目竣工后，形成完整的项目竣工数据库，通过BIM运维管理平台，可以非常方便地调用项目不同建设阶段的数据，对装配式建筑全生命周期管理提供更加有效的技术支撑。

（2）基于三维可视化的全要素模拟

BIM模型本身具有可视化的特点，涵盖所有建筑构成要素，通过在运维协同管理平台中加载BIM竣工模型，可对装配式建筑及各类预制构件有更加直观的认识。在运维管理过程中，如果涉及隐蔽工程，通过查看运维管理平台中的BIM模型，即可精确展示预制构件周边隐蔽工程实际情况，对项目的维护管理提供极大的便利。在BIM运维管理平台中将实际运行数据与BIM模型相关联，使得装配式建筑运维管理能够提供三维可视化虚拟现实的效果，深圳国际会展中心BIM运维管理平台实景展示如图6.1所示。

（3）基于云计算的全数据集成

在BIM运维协同管理平台中，通过接入各类楼宇设备运行系统，可以记录并保存各设备系统的长期运行数据。结合云计算技术，分析各系统的运行状况，如集中空调系统、办公照明系统、电梯运行系统等设备设施的耗能情况，对耗能异常设备系统进行定点排查并对异常点位报警，在运

图 6.1　深圳国际会展中心 BIM 运维管理平台实景

维协同管理平台中予以直观展现。结合 BIM 运维管理模型自带的设备系统设计参数及采集的日常运转数据，调整项目运行参数，可达到节约能源的目标。通过云计算技术，对装配式建筑各建设阶段数据、各组成系统数据进行综合分析及集成应用，提出安全、高效、低成本的运营管理建议，实现装配式建筑的可持续运维。

（4）基于一体化集成应用的全系统共享

BIM 运维协同管理平台集成了传统智慧楼宇管理系统的各类功能模块，包括物业资料管理、消防管理、安防管理、停车管理、工单管理、人员管理、设备设施管理等模块，通过物联网传感器采集实时运营数据，进行智慧运行管理，实现了信息集成、功能集成。同时，将各类硬件设施与软件系统集成融合，通过统一的 BIM 模型数据接口标准，实现了装配式建筑建设全过程、运营全系统的信息资源共享，为智慧运营管理提供一体化集成应用平台。

6.1　建筑资产管理

装配式建筑运维管理模型不仅包含建筑物本身，同时还包括建筑物内部所有的固定资产如各类设备仪器及其对应的资产管理信息。通过 BIM 运维管理系统对企业固定资产进行管理，可以为企业提供资产管理决策信息，包括资产数量信息、使用人员信息、运营状态信息等数据报表。

利用 BIM 运维管理模型对资产进行信息化管理，通过综合分析各类运营管理数据，制订装配式建筑可持续运营的管理计划。基于 BIM 运维管理模型的各类统计数据形成资产统计报表，评估各类资产利用效率、收益情况及运营成本，合理管控资产损耗，建立基于 BIM 模型的长效资产管理数据库。

BIM 运维模型应包括建筑资产模型文件，可分建筑单体编制和分建筑楼层编制。运维模型属性数据应反映资产编码、资产名称、资产分类、资产价值、资产所属空间、资产采购信息等与资产管理相关的信息，如图 6.2 所示。在日常的资产管理使用中，进一步将资产更新、替换、维护过程等动态属性数据集成到 BIM 运维模型中。BIM 运维协同管理平台通过实时更新资产管理数据，为运维管理部门和财务部门及时提供资产管理报表、资产财务报告，提供决策分析依据。

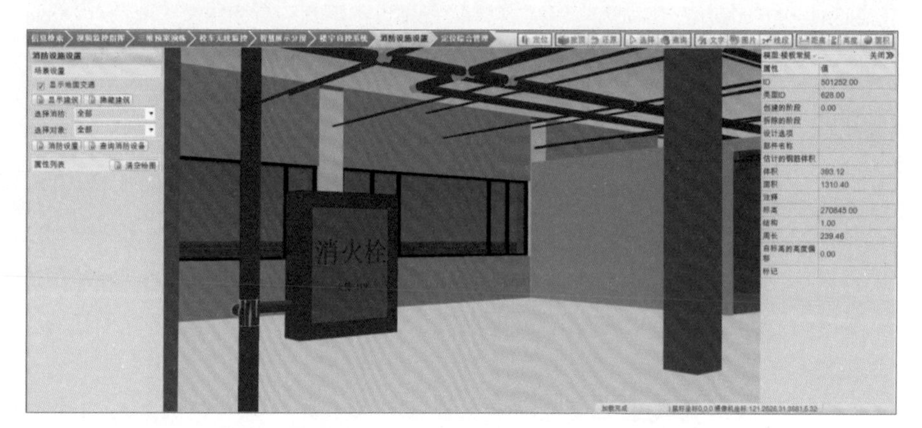

图 6.2　建筑资产管理

6.2　建筑空间管理

建筑空间管理是基于 BIM 运维管理模型，对建筑内部空间进行统筹管理，做到经济有效地利用空间。基于 BIM 运维管理模型的空间管理是针对建筑空间属性进行规划和分配，保证建筑空间高效利用、经济价值最大化。同时，也可结合建筑空间的不同用途，对特定区域如人流密集场所中的人流动线进行规划管理，保证人员使用安全。

基于 BIM 运维管理模型的建筑空间管理，其功能主要包括：空间规划、空间分配、空间使用效率分析等。空间规划是根据建筑基本功能布局及实际使用需求，对各类功能空间进行统筹管理、合理分配、高效利用。依据实际使用情况进行跟踪分析与评估，提高空间利用效率及价值回报，并制定空间发展规划。利用空间分析功能，获取准确的空间使用情况，满足统计分析需求，如图 6.3 所示。

BIM 运维管理模型应包括建筑空间模型文件，可分建筑单体编制和分建筑楼层编制。运维管理模型反映的空间属性数据包括空间编码、空间名称、空间分类、空间面积、空间分配信息、空间租赁或购买信息等与建筑空间管理相关的信息，属性数据应集成到 BIM 运维管理模型中。在空间管理功能的日常使用中，进一步将人流管理、统计分析等动态数据集成到运维管理系统中。空间管理数据为装配式建筑的运维管理提供了实际应用和管理决策的依据。

图 6.3　空间使用情况

6.3　建筑应急管理

应急管理是基于 BIM 运维管理系统在突发事件发生前进行预演模拟，在突发事件发生后进行合理处置。应急管理的 BIM 模型必须包含建筑空间属性信息，结合运维系统中预先设置好的人员疏散路线信息、消防车和救护车救援路线信息、摄像头位置信息、救援设备位置信息、管理人员责任区域等信息，在人员疏散逃离及救援人员进入现场时给予正确的处置引导，减轻灾害损失，有效管控突发事件。

依据包含建筑空间和设施设备信息的 BIM 运维管理模型，制定应急预案，开展模拟演练。在运维模型中标识事件发生位置，并启动相应的应急预案，以控制事态发展，减少突发事件造成的直接和间接损失。在 BIM 运维管理系统中内置物业编制好的应急预案，提前对应急预案进行模拟演练，如图 6.4 所示。

图 6.4　建筑应急管理图示

BIM 运维管理模型包括事件脚本和预案脚本相关的 BIM 模型数据信息，如应急管理相关的事件脚本和预案脚本中的人员及车辆路线信息、事件发生位置信息、处理应急事件相关的监控、消防、报警等设备信息。

在 BIM 运维管理系统的应急管理功能模块中，根据脚本设置，选择发生的事件，以及必要的事件信息，利用系统功能自动或半自动地模拟事件，并利用可视化功能展示事件发生的状态，如着火部位、疏散人流、救援车辆进出等。应急管理数据可为建筑物的安保工作提供决策依据。

6.4 建筑能耗管理

基于 BIM 运维管理模型进行建筑能耗管理。BIM 运维管理模型包含建筑设施设备系统模型文件和建筑空间模型文件。BIM 运维管理模型通过各类传感器对设备能耗数据信息进行实时收集，并将收集到的数据传输至 BIM 运维管理系统进行汇总和分析，并通过动态图表展示出来。结合建筑能耗管理系统，可以生成各功能空间的能耗统计数据。可以反映能源分类数据，如水、电、燃气系统基本运行信息，以及能源采集所需要的逻辑数据，对能耗异常环节及空间进行定位、提醒。通过对运行能耗数据的综合分析管理，制定高耗能区域能效管理方案，为类似建筑的运行管理提供借鉴帮助，从而降低建筑运行能耗。

针对能耗历史统计数据，BIM 运维管理系统自动调节能源使用，也可根据预先设置的能源参数进行定时调节，或者根据建筑环境自动调整运行方案。也能根据能耗历史数据预测未来能源使用情况，合理安排能源使用计划。

能源管理的方式有两种：第一种方式是结合已有的弱电系统，在 BIM 运维管理系统中增加相应的系统接口，将原有的弱电系统的数据传输过来，通过 BIM 模型三维可视化地展示在 BIM 运维管理系统中，并通过设置相应的参数对机电设备的能耗数据进行分析、预测和智能化调节。第二种方式是在机电设备中添加传感器，通过传感器将机电设备中的实时能耗数据信息传递至 BIM 运维管理系统中，通过运维系统对机电设备的能耗数据进行分析和调节。利用数据自动采集功能，将不同类型的能源管理数据自动集成到 BIM 运维管理系统中。能源管理数据为运维管理部门的能耗管控提供决策分析依据。

6.5 设备设施管理

基于 BIM 运维管理系统进行的设备设施维护管理包括建筑设备的维护管理、标识标牌的维护管理、室内门窗的维护管理、建筑幕墙的维护管理、市政绿化的维护管理等，与建筑项目相关的设备设施维护管理均属于此范围。通过运维管理系统可以在 BIM 模型中快捷地定位到需要维护的设备设施具体位置，查询相应的维护保养信息，按既定的维护管理预案，给维护保养人员委派维保单。同时针对每日的日常巡检，BIM 运维管理系统可以制定日常巡检路线，记录巡检操作内容，优化物业维护人员的管理组织架构。

BIM 运维管理模型包含的建筑设施设备模型文件，要求分单体、分楼层或分系统、分专业编制。BIM 运维管理模型应反映的设施设备属性数据包括设备编码、设备名称、设备分类、资产所属空间、产品采购信息等与设备管理相关的信息。

将建筑设备自控系统、消防系统、安防系统及其他智能化系统和 BIM 运维管理模型相结合，基于 BIM 运维管理系统生成运行管理方案，有利于实施设备设施信息化维护管理，如图 6.5 所示，其应用功能如下：

（1）资料管理。对设备设施资料进行有效管理，将设备设施技术资料进行归纳，以便快速查询，并确保设施设备的可追溯性以及文件数据的备份管理。

（2）日常巡检。利用建筑空间模型和设施设备系统模型，制定设施设备日常巡检路线。借助智能化监控系统进行电子巡检，以降低运行维护成本。

（3）定期维修。利用 BIM 运维管理模型，结合设备实际使用情况，制订维保计划，确保设施设备始终处于稳定运行状态，延长设备使用寿命，降低设备损耗成本。及时更新维护信息，记录维护数据，建立维护机制，

图 6.5　设备报警界面

科学管理设备设施及备品备件，有效降低维护成本。

（4）报修管理。利用 BIM 运维管理模型，准确定位故障点的位置，快速显示建筑设施设备的维护信息和维护预案，及时处理设备运行故障，如图 6.6 所示。

（5）自动派单。系统提示设备设施维护要求，自动根据维护等级发送给相关人员进行现场维护。

BIM 运维管理模型包含的设施设备管理数据为维保部门的维修、维保、更新、自动派单等日常管理工作提供基础支撑和决策依据。在设备日常使用中，须将设备更新、替换、维护过程等动态数据集成到运维管理模型中。

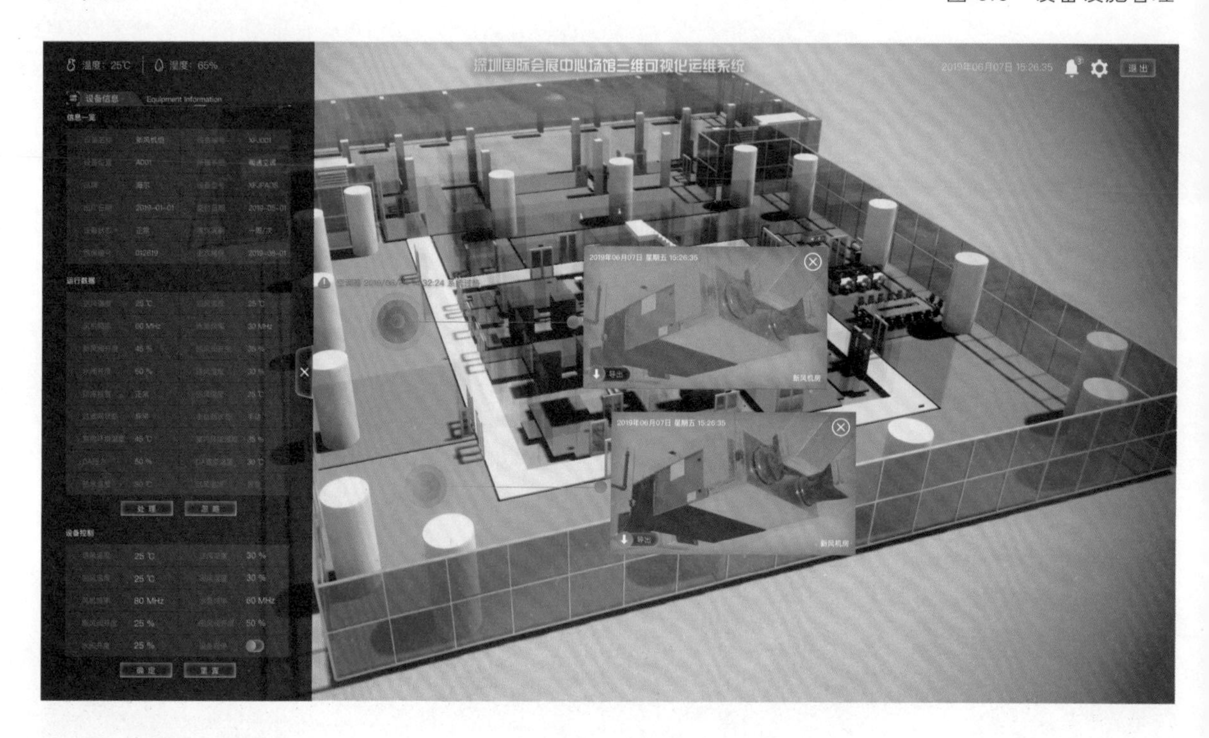

图 6.6　设备设施管理

6.6　BIM 运维协同管理平台构建

传统建筑运维管理功能多聚焦于建筑智能化管理系统,应用相对单一，各管理系统相对隔离，信息传递受限，管理效率低下。日常运维管理耗费较多人力物力。构建基于 BIM 技术的运维协同管理平台，可实现管理信息的互通与传递，实现管理系统的集成与融合，在多种运维功能中实现信息化管控，有效提高建筑运维管理效率。

6.6.1　运维管理需求分析

构建 BIM 运维协同管理平台，首先要对平台建设需求有深入了解，通过运维协同管理平台解决业主的主要需求。利用 BIM 三维可视化展示及 BIM 信息数据的基础应用去满足业主的运维管理需要，真正做到数据信息的一体化集成应用。

为了满足三维可视化的运维管理需求，要借助 BIM 运维协同管理平台来实现。运维协同管理平台可以接收并处理传感器采集的数据信息，实现建筑空间管理、建筑资产管理、建筑应急安防管理、建筑能耗管理、设备设施管理、物业信息化管理等功能。通过 BIM 运维管理模型轻量化处理、运维功能模块化组合，以实现运维协同管理平台的一体化管理目标。表 6.1 为不同运维管理模式的对比分析。

表6.1　不同运维管理模式的对比分析

运维需求	传统运维管理模式	BIM 运维管理模式
资产管理	扁平化数据管理，容易丢失遗漏	资产数据与 BIM 模型关联，通过数字平台保存，形成闭环管理，直观、形象
安防管理	无法精确定位消防报警位置，容易贻误灾情	实现精确空间定位，规划最短路线，提高安防效率。可对消防报警进行定位核查
停车管理	实现对车位和行车路线扁平化表达	三维可视化展示车位使用状态，对停车路线提供三维实景照片和路径规划，更加直观、清晰
物业管理	在发现设备故障时，无法定位设备位置	对巡更人员实时定位，在设备出现故障时可快速定位设备位置，并查找相关数据，进行及时维修
能耗管理	借助管理人员查看能耗数据，进行人工记录分析	可通过传感器采集并传输能耗数据，以动态图的方式展示，利用 BIM 模型进行区域分析，管理人员可针对性地检查
管网监控	无法进行实时定位监测，无法查看隐蔽管网	BIM 模型对管网进行定位，监测数据与空间位置相关联，有利于数据统计分析
维护管理	厂家定期维护管理	对重要设备进行定位与统计，为设备维护提供依据，并记录维护情况
照明系统	需人为管控照明系统，增大巡更人员工作量	依靠传感器对所有照明设备进行智能控制，降低能源消耗
环境监测	环境信息在展牌上展现	环境信息在三维模型空间展现，实时反馈环境监测信息数据
排污系统	巡更人员定期查看井盖	可对每一个井盖位置进行定位，便于巡查维修
虚拟园区	在二维图纸上或沙盘模型上静态展示园区	三维动态浏览，可实现移动终端设备 VR 虚拟参观
智能交通	发送交通班车信息	三维展示交通路线、班车信息和上下车地点，规划通勤路径
消防疏散	无法精确定位发生火灾的位置	对火灾报警快速定位，基于三维模型自动模拟逃生通道，并发送给员工，减少人员伤亡
空间管理	空间使用状态表格化呈现，数据统计工作量大	在三维模型中直观显示各空间实时使用状态，提供空间查看和预定功能

6.6.2 运维管理系统架构

BIM 运维管理系统首先要从最底层的传感器埋设以及数据采集开始实施，再将采集到的数据与 BIM 运维管理模型对接，最后通过运维协同管理平台将系统功能展示，实现运维场景可视化。BIM 运维管理平台系统架构如图 6.7 所示。

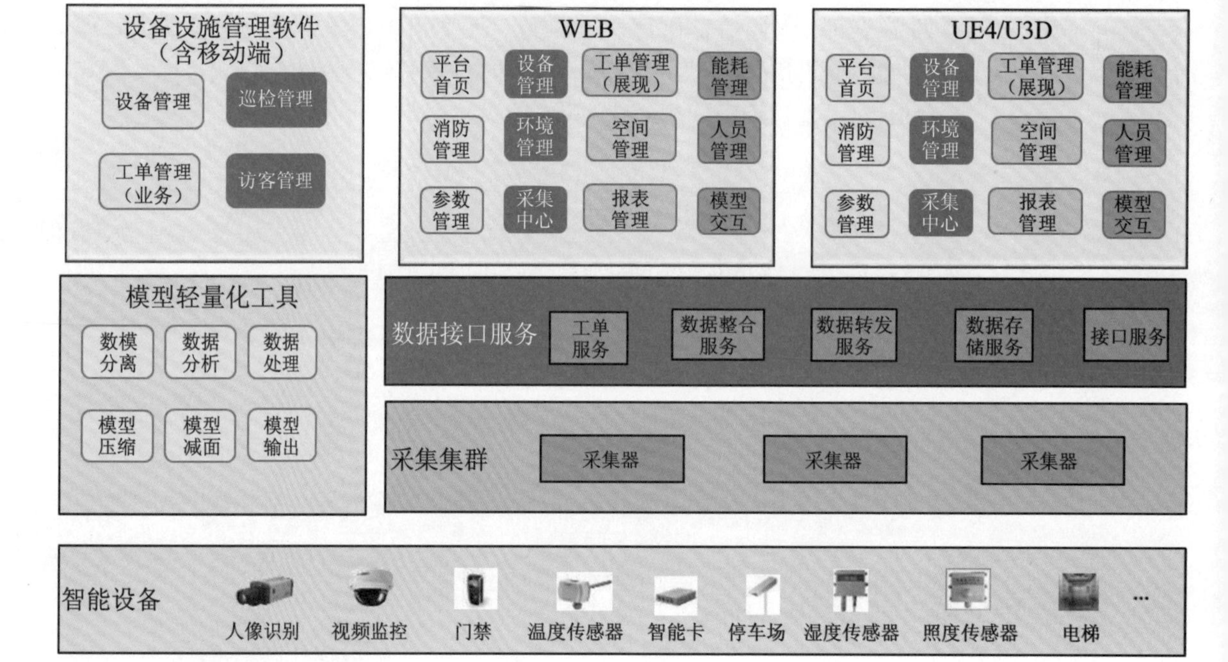

图 6.7 BIM 运维管理系统架构图

6.6.3 运维管理模型构建

运维管理模型构建是装配式建筑运维管理系统数据传递、应用与融合的关键性工作。运维管理模型来源于竣工模型，竣工模型必须经过现场复核后进一步调整，形成实际竣工模型。根据运维模型标准，核查运维模型的数据完备性，将竣工模型转化为运维管理模型。各类设备设施及部品部件验收合格资料等相关信息必须关联至运维管理模型。运维管理模型应准确表达预制构件的几何信息与非几何信息。

BIM 运维管理模型应根据项目运维管理的具体需求，对设计、生产、施工阶段使用的 BIM 模型进行核查和处理，具体核查内容和基本要求如表 6.2 所示。

6.6.4 运维管理模型轻量化处理

BIM 技术要贯穿于装配式建筑全生命周期，必须实现模型数据无缝流转，信息共享，充分发挥 BIM 技术的应用价值。在运维阶段，由设计、生产、施工传递来的模型往往数据量较大，属性信息较为丰富，运维管理平台直接运转往往不够流畅，且对硬件设备要求较高。因此需要对原始 BIM

模型进行轻量化处理，删除不必要的属性信息，简化构件表面形状，合并、精简可视化模型，导出并转存与可视化模型无关的数据，使得模型数据量减小，有利于在 BIM 运维管理平台流畅运行。

表6.2　BIM运维管理模型核查内容和基本要求

合标基本检查		
项目基本设定核查	拆分逻辑	按专业拆分
		按楼层拆分
	测量点与项目基点各专业对应	需提供各个空间的正确点位
项目完整性核查	机电专业 BIM 模型必须包含所有管线系统	项目浏览器、系统浏览器、过滤器核查
		机电系统汇总文件，明细表是否包含所有涉及的新系统
	机电 BIM 模型必须包含满足功能需求的管网尺寸设定	
	BIM 模型必须包含所有定义的轴网，应在各平面视图中正确显示	
	BIM 模型必须包含所有定义的楼层	不允许出现跨楼层构件
	BIM 模型中必须包含完整的房间定义	族构件需添加房间计算点
		防火分区平面图
	BIM 模型中必须包含项目的材质做法	材质库
建模规范性要求	构件应使用正确的对象创建	构件应有规范的统一族类别
		同类构件应使用统一创建与命名逻辑
		机械设备不能用常规模型表达
	模型中没有多余构件	模型冗余检查，进行模型清理，核查是否有多余构件
	模型中没有重叠或者重复构件	筛选
		使用插件
	构件应与建筑楼层标高关联	预制构件明细表
		本楼层预制构件应以当前楼层标高作参照

1）数据格式要求

BIM 运维管理平台可兼容的数据格式如表 6.3 所示。

表6.3　BIM模型常用数据格式

文件类型	文件格式
设计文件	3DM、3DS、ASM、CAM360、CATPART、CATPRODUCT、CGR、DAE、DLV3、DWF、DWFX、DWG、DWT、EXP、F3D、FBX、G、GBXML、IAM、IDW、IFC、IGE、IGES、IGS、IPT、JT、MODEL、NEU、NWC、NWD、OBJ、PRT、RVT、SAB、SAT、SESSION、SKP、SLDASM、SLDPRT、SMB、SMT、STE、STEP、STL、STLA、STLB、STP、WIRE、X_B、X_T、XAS、XPR
媒体文件	3G2、3GP、ASF、AVX、AVI、BMP、DIVX、DV、DVI、F4V、FLI、FLC、FLV、GIF、JPE、JPEG、JPG、MOV、MOVIE、MP4、MPE、MPG、MPEG、MPV2、OGG、PNG、PPM、QT、RM、TIF、TIFF、WEBM、WMV
Office 文件	CSV、DOC*、DOCM、DOCX*、ODP*、ODS*、ODT*、PDF、PS、POT、POTM、POTX、PPT*、PPTX*、RTF、TXT、XLS*、XLSX*

2）模型轻量化处理

无论基于何种数据格式的 BIM 原始模型文件，在运维准备阶段都需要针对具体运维需求进行轻量化处理，舍弃不必要的冗余数据。其轻量化处理方法包括模型文件轻量化和引擎渲染轻量化。具体方法参见表 6.4 所示。

表6.4　BIM模型轻量化处理方法

轻量化类别	轻量化处理方法
模型文件轻量化	数据分离，将模型数据分为模型几何数据和模型属性数据
	对模型进行参数化几何描述和三角化几何描述处理，减少单个图元的体积
	相似性算法减少图元数量
引擎渲染轻量化	多重 LOD，用不同级别的几何体来表示物体，距离越远加载的模型越粗糙，距离越近加载的模型越精细，在不影响视觉效果的前提下，提高显示效率并降低存储
	将无法投射到人眼视锥中的物体裁剪掉，减少渲染图元数量
	批量绘制，提升渲染流畅度。将具有相同状态（如相同材质）的物体合并到一次绘制调用中，实现批次绘制调用

经过轻量化处理后的 BIM 模型信息可分别存储为属性信息、几何信息、非几何信息等多个维度，这些信息根据运维管理具体需求，选择性导入 BIM 运维管理模型中。其流程详见图 6.8。

图 6.8　BIM 运维管理模型创建流程

6.7　BIM 运维协同管理平台应用

通过 BIM 运维协同管理平台的构建，融合门禁、停车、监控等传统建筑智能化系统，在装配式建筑中实现建筑空间管理、建筑资产管理、建筑应急安防管理、建筑能耗管理、设备设施管理、物业信息化管理等各项运维管理功能，提高装配式建筑运维管理质量及效率。

6.7.1　运维协同管理平台与 IBMS 系统

IBMS 系统即建筑智能化系统，该系统的应用提高了传统建筑运维管理的效率，推进了建筑运维管理的自动化和智能化发展。但 IBMS 系统仍是基于二维场景实现各项功能页面的管理系统。装配式建筑的运营维护对管理方式和功能场景提出了更高要求，因此基于 BIM 技术的三维可视化运维管理不仅应包含 IBMS 系统的功能，还应将其内容扩展延伸。

传统 IBMS 系统由智能化系统集成模块、运行支撑模块和管理增值服务模块组成，其具体架构和内容详见表 6.5。

表6.5　IBMS系统架构

模块组成	系统功能
智能化系统集成	建筑设备监控系统
	公共安全系统
	信息化应用系统
	控制室大屏幕显示系统
运行支撑模块	实时数据库
	历史数据分析
	统一消息平台
	IIS.DIA 数据标准
管理增值服务模块	专用系统集成服务器
	移动报警平台
	物业移动办公

BIM 技术与 IBMS 系统的结合，可有效扩充 IBMS 系统的应用维度，为装配式建筑的运维管理提供更加直观的展示界面，其软件架构如图 6.9 所示。通过物联网传感器进行数据信息的采集，通过接口服务器将采集到的数据输入给 IBMS 系统，完成智能化分析和应用。由 IBMS 系统输出的数据和应用信息通过分类处理与 BIM 运维管理模型结合，通过 BIM 运维协同管理平台将所有的运维实施场景进行三维可视化表达，实现装配式建筑一体化集成管理，为业主及物业管理人员提供更便捷、更有效的信息化管理手段。

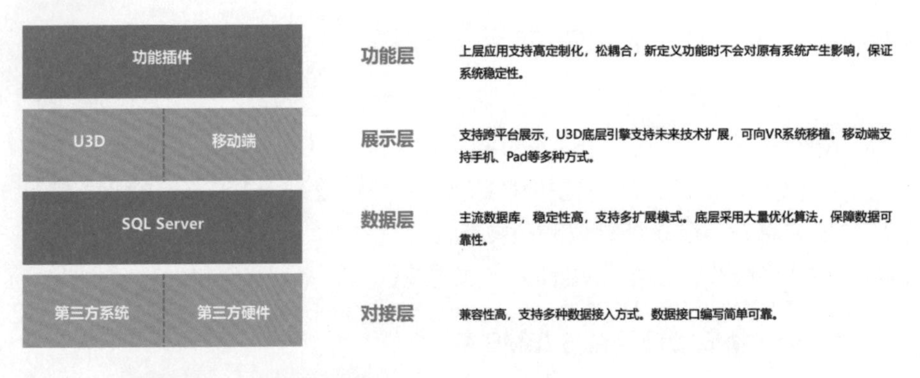

图 6.9 基于 BIM 技术的 IBMS 系统软件架构

6.7.2 运维管理系统数据采集

BIM 运维管理系统应具备各类设备系统的数据信息采集功能，通过物联网传感器将运维管理需要的数据信息从设备中提取出来，并上传到运维管理平台中。数据采集的具体技术指标要求详见表 6.6 所示。

表6.6 运维数据采集技术指标表

类别	指标项	关键技术指标要求
运维数据采集技术指标	开放性	平台具备开放的连接能力，包括硬件连接和软件连接能力，支持主流厂家设备和协议
	高效性	从各种数据源和平台获取数据并存储，通过数据库进行实时数据处理，提供多维度的数据管理服务，进行数据实时监管，满足统计分析需求
	扩展性	运维管理系统能够对接其他智能化应用系统或平台，提供的接口可进行数据交互
	安全性	终端安全：提供适度的防攻击能力，为物联网终端接入提供基本的安全防护功能
		连接安全：对恶意终端进行检测与隔离，当个别终端被攻破时，在平台侧和网络侧对终端异常行为进行检测和隔离
		平台安全：对平台数据进行安全保护，基于云计算和大数据安全防护技术对平台数据进行保护
		安全管控：为运维人员提供安全指导和工具支持，包括安全操作指导书、安全检测工具等
	硬件设备连接能力	支持信令类设备、音视频类设备连接，覆盖智能停车设备、照明设备、视频监控设备、支付及收费终端、门禁安控终端等不同应用领域的设备
		支持直连设备和网关子设备连接，直连设备包括智能网关和音频视频类设备，网关子设备包括智能照明、供配电、能源能耗、环境监测、能源管理等不同类型的设备
		支持 Linux、Android、RTOS、Windows 等主流操作系统硬件设备的接入
		兼容物联网行业常用的物理层及连接层相关技术标准及协议，包括 BACnet, Modbus, Ethernet, 2G/3G/4G, WiFi, ZigBee, Bluetooth, LPWAN 等

（续表）

类别	指标项	关键技术指标要求
运维数据采集技术指标	软件应用连接能力	支持网页应用、公众号、APP 等不同类型的物联网应用接入
		支持 Windows、Linux、Android、iOS 等主流操作系统的物联网应用接入
		通过物联网行业常用的通信协议，例如 HTTP、WebSocket、XMPP、CoAP、MQTT 或其他同等功能并适用于本项目应用场景的通信协议
		支持不同物联网应用的接入，包含访客管理、门禁权限管理、车辆进出及停车管理等
		支持按需调用平台提供的账号权限、设备管理、设备控制、视频服务、消息服务、智能分析等多种能力

6.7.3　运维协同管理平台功能模块

BIM 运维协同管理平台功能模块可根据项目功能特点及物业管理需求进行定制化开发，其基本功能及实现场景见表 6.7 所示。

表6.7　BIM运维协同管理平台功能模块

BIM 运维协同管理平台功能模块	运维场景内容
BIM 运维协同管理平台基本操作	3D 模型查看、功能界面查看及硬件设备管理
平台报警	报警规则
	报警提示
	查看报警日志
	报警的关联信息
空间管理	查看空间信息
	GIS 管理与空间计算
设备管理	查看设备信息
	查看设备运行状态
备件管理	备件信息查询、使用方法及备品分析
机构管理	录入和查询运维管理单位内部组织机构数据
人员管理	查看人员管理信息、权限、用户状态
人员定位	查看室内外人员定位
	查看人员分布
	查看环境提示及路径记录
能耗管理	通过 BIM 管理平台查询各设备能源信息
	查看系统能耗报表及能源消耗情况
维保管理	查看维保维护计划
	手持终端设备的扫描方法

（续表）

BIM运维协同管理平台功能模块	运维场景内容
巡检管理	手持终端扫码提交方法
	巡检数据上传方法
	巡检漫游、巡检信息及巡检路径的操作
停车管理	通过BIM模型查看车辆引导方式
	结合BIM模型查看车位统计及智能寻车功能
档案管理	查看施工、设备、运维、设计档案资料
数据分析	监控、报警、位置等统计分析
系统管理	系统日志、数据备份及帮助信息的查询
报警提示	对报警规则的制定与编辑
设备管理	对设备控制的要求与操作
	对设备生命周期的分析与管理
计费管理	计费管理规则的制定
	人工录入与自动录入方法
	费率调整方法与计费统计分析
能耗管理	对能耗报表数据进行统计分析及制定针对性节能方案
维保管理	对各类机电设备制订维护计划，进行维护统计
任务管理	通过PC端、WEB端和APP端下达工作指令
	基层工作人员查看和执行分配给自己的任务
租赁管理	租赁登记方法
	租户到期报警查看及查看合同到期情况
租户信息	租户信息的录入和租户信息的统计分析
安保管理	通过手机对安保人员进行管控并查看人员定位
应急管理	应急预案、应急通信和应急处理方法

6.7.4 运维协同管理平台应用维护

装配式建筑运维阶段的管理通过借助BIM工具，将增强运维管理的物态可视化、数据集成化和决策自动化，更加高效和准确地解决设施（建筑实体、空间、周围环境和设备等）运行过程中的各种问题，进而降低运行维护成本，提高用户满意度。运维期间BIM技术的应用能够为智慧建筑提供技术基础，促进装配式建筑的可持续发展。

为确保BIM运维协同管理平台的正常运行，系统维护必不可少。运维管理系统维护包括：软件本身的维护升级、数据的维护管理、档案管理等，如图6.10所示。运维管理系统维护计划宜在运维管理系统实施完毕，交付之前由业主的运维部门审核通过。运维协同管理平台系统维护重点包括：

（1）数据安全管理：运维数据的安全管理包括数据的存储模式、定期备份、定期检查等工作。

（2）模型维护管理：由于建筑物维修或改建等，运维管理系统的 BIM 模型数据需要及时更新。

（3）数据维护管理：运维管理系统数据维护工作包括建筑物空间、资产、设备等静态属性变更引起的维护，也包括在运维过程中采集到的动态数据的维护和管理。

图 6.10　BIM 运维管理系统

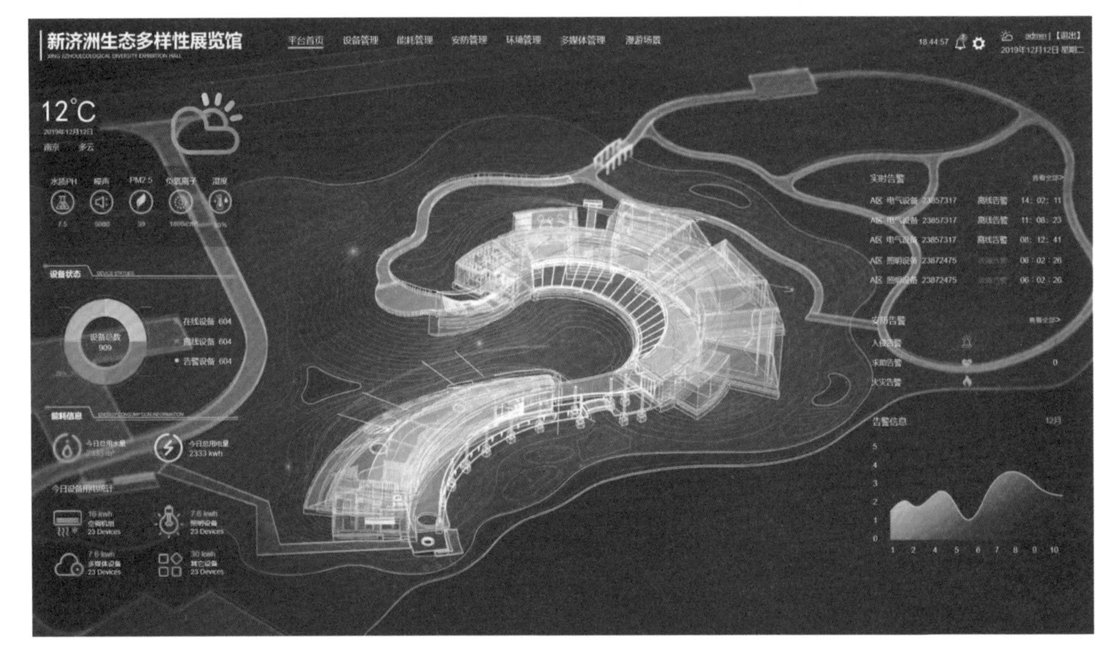

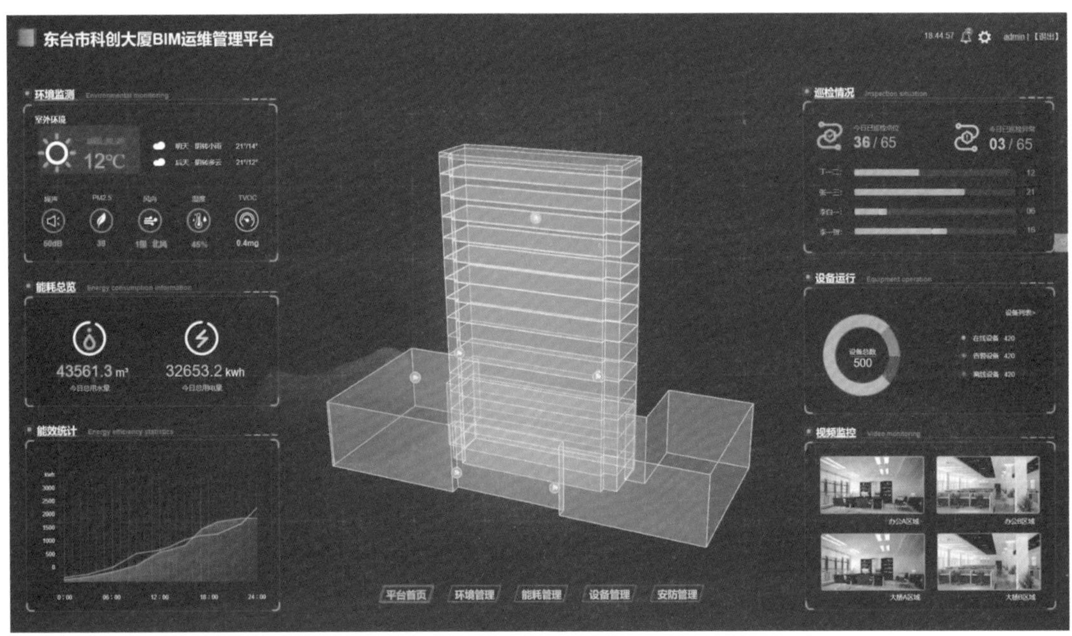

第 7 章　结论与展望

7.1　结论

（1）提出基于 BIM 技术的装配式建筑一体化集成设计方法

通过深入分析 BIM 技术的应用特点以及装配式建筑的特殊工艺技术要求，提出了装配式建筑一体化集成设计的基本原则，阐述并分析基于 BIM 技术的装配式建筑一体化集成设计的重点内容与针对性要求。为装配式建筑的设计提供方法指导，为 BIM 技术在装配式建筑中的应用提供理论依据。

（2）进行基于 BIM 技术的装配式建筑设计阶段一体化集成应用研究

基于 BIM 技术的装配式建筑设计阶段一体化集成应用包括：技术策划阶段、方案设计阶段、初步设计阶段、施工图设计阶段、深化设计阶段各技术环节。针对装配式建筑的特殊工艺技术要求，对 BIM 技术在各技术环节的适宜性应用做分析介绍。方案设计主要包括场地环境分析、场地交通分析、建筑方案比选、标准化模块化设计。初步设计阶段主要包括建筑性能分析、空间净高分析、预制构件拆分、装配式建筑指标统计分析、地下空间设计。施工图设计阶段主要包括碰撞检测分析、管线综合优化、预留预埋设计、三维设计二维表达。深化设计阶段主要包括结构体系深化设计、外围护体系深化设计、机电体系深化设计以及装修体系深化设计。在 BIM 技术基础上实现建筑、结构、机电、装修一体化集成设计。

（3）进行基于 BIM 技术的装配式建筑数字化交付研究

分析装配式建筑一体化集成设计 BIM 应用要求、应用标准、应用维度及各阶段工作内容，实现装配式建筑基于 BIM 技术的数字化交付，重点开展 BIM 建模标准、BIM 建模规则、BIM 建模精度、BIM 预制构件分类及编码标准、BIM 预制构件族库、BIM 模具族库、BIM 交付标准的研究，推动标准化、规范化 BIM 数据资源库的建立。为装配式建筑一体化集成设计提供统一技术标准，为装配式建筑 BIM 信息数据在全生命周期的应用提供技术保障。

（4）构建基于 BIM 技术的装配式建筑设计协同管理平台

研究基于 BIM 设计协同管理平台的装配式建筑各专业、各阶段协同设计工作机制。构建 BIM 设计协同管理平台整体架构、功能模块、技术参数等方面的内容。构建基于 IFC 标准的 BIM 数据模型，形成基于 IFC 标准的

BIM 数据交换共享机制、BIM 资源管理与共享机制。初步搭建基于云计算技术的 BIM 协同设计平台。在此基础上，结合实践案例，开展装配式建筑一体化集成设计应用研究，检验装配式建筑一体化集成设计方法的应用成效。

（5）进行基于 BIM 技术的装配式建筑生产阶段一体化集成应用研究

基于 BIM 技术的装配式建筑生产阶段一体化集成应用包括：部品部件模具设计、装配式模板设计、预制构件生产加工、物料统计管理、部品部件跟踪管理等应用环节。

（6）构建基于 BIM 技术的装配式建筑生产协同管理平台

针对预制构件生产企业的生产过程管理和生产数据管理，从基础资料管理、生产组织管理、生产流程管理等方面，结合 BIM 技术，实现预制部品部件生产信息共享，实现预制构件生产阶段的模具设计、工装选配、生产方案制定、生产线选择、物料准备、生产流程管理、生产质量管理、预制构件存储管理、预制构件运输管理等环节的应用与管控，提高预制部品部件生产管理水平和产品质量。

（7）进行基于 BIM 技术的装配式建筑施工阶段一体化集成应用研究

基于 BIM 技术的装配式建筑施工阶段一体化集成应用包括：施工场地规划、施工工艺模拟、施工进度管理、施工成本管理、施工质量管理、施工安全管理、竣工模型交付等应用环节。

（8）构建基于 BIM 技术的装配式建筑施工协同管理平台

构建基于 BIM 技术的施工协同管理平台，具备装配式建筑施工管理各业务领域的集成应用能力。按照现场施工管理要求，从工作面、时间段等多种角度提供各业务领域的项目管理信息，实现项目管理各专业领域的集成应用。具备一定的计算分析、模拟仿真以及成果表达能力，为科学决策提供支持。施工协同管理平台以 BIM 模型作为集成基础，在技术层面上适合各专业、各参建方、各管理方的协同工作。通过施工协同管理平台，实现装配式建筑施工管理由传统的经验管理向信息化管理的转变，提升施工建造质量，提高施工管理效率，确保工程建设目标的顺利实现。

（9）进行基于 BIM 技术的装配式建筑运维阶段一体化集成应用研究

基于 BIM 技术的装配式建筑运维阶段一体化集成应用包括：建筑资产管理、建筑空间管理、建筑应急管理、建筑能耗管理、设备设施管理等应用环节。

（10）构建基于 BIM 技术的装配式建筑运维协同管理平台

构建基于 BIM 技术的运维协同管理平台，对装配式建筑运维管理需求进行分析，在此基础上建立运维管理模型及协同管理平台架构，通过运维模型轻量化处理及物联网传感器采集各项基础数据。实现运维协同管理平台与 IBMS 系统的融合，实现运维管理信息的互通与传递，实现运维管理系统的集成与融合。通过运维协同管理平台实现装配式建筑信息化运维管控，实现建筑各项运维管理功能，提高运维管理效率。

7.2 展望

基于 BIM 技术的装配式建筑一体化集成应用是一个跨学科、涵盖多领域的复杂研究课题，既包括对建筑设计理论及方法的研究，也包括工程建设全生命周期的实践与应用研究，覆盖了装配式建筑从设计阶段、生产阶段、施工阶段到运维阶段的全过程。由于时间和水平有限，对本课题的研究还处于初步阶段，还有许多有待深化及完善的地方：

（1）初步研究成果还需选取具有代表性的装配式建筑项目案例，对基于 BIM 技术的装配式建筑一体化集成设计方法进行设计、生产、施工、运维全过程的工程实践检验。通过检验成效，明确下一步的研究重点及改进方向。

（2）实现 BIM 模型信息在装配式建筑全生命周期的流转，还需要 BIM 技术在工程勘察行业、设备制造行业、软件信息行业等领域进一步统一相关规范及标准。

（3）装配式建筑设计、生产、施工、运维协同管理平台的功能模块还需要不断补充和完善。平台的适应性及成熟度还需要工程实践的不断检验。

（4）对于装配式建筑运维阶段的一体化集成应用研究还处于初期阶段，对建筑各功能系统的整合及应用场景的实现还需要深入研究。

基于 BIM 技术的装配式建筑设计、生产、施工、运维协同管理平台，可实现对装配式建筑各类数据信息的一体化集成管理与应用，实现设计、生产、施工、运维全生命周期的可视化管理。借助 BIM 技术、物联网技术、云计算技术等信息化技术手段，实现装配式建筑各阶段建设管理工作的融合集成、各类信息的互联互通，提升了装配式建筑的智慧管控能力。通过对历史数据的分析、对实时数据的掌控、对未来发展的推演预测，极大提高了装配式建筑的建设质量及信息化管理水平，加速推动装配式建筑的建设管理向数字化、智慧化转变。

装配式建筑在 BIM 技术基础上实现建筑、结构、机电、装修一体化集成设计，实现设计、生产、施工、运维全生命周期一体化集成应用。通过建立针对装配式建筑工艺技术特点的设计、生产、施工、运维协同管理平台，促进装配式建筑的集成设计能力、工程管控能力及全过程服务能力的提高。有助于提升装配式建筑的数字化、信息化、智能化应用水平，从而实现整个装配式建筑产业链的信息化协同。

BIM 模型各建设阶段数据信息的持续传递，实现了装配式建筑工程项目全生命周期的数据共享和信息化管理。将装配式建筑 BIM 信息模型不断融入 CIM 城市信息模型及其管理平台，集成云计算、物联网、互联网、人工智能、空间地理信息等新一代信息技术，可以实现更高效、更先进的装配式建筑建设管理模式。

参考文献

[1] 国务院办公厅 . 关于大力发展装配式建筑的指导意见 [J]. 建筑技术开发 ,2017,44(1):80.

[2] 焦安亮 , 严晓新 , 黄延铮 , 等 . 工业化生产与信息化施工 [J]. 施工技术 ,2011, 40(1):16–18,35.

[3] 陈艳 , 陈浩 .2014 年行业相关政策与投资规划 [J]. 施工企业管理 ,2015(3):54–56.

[4] 叶明 , 武洁青 . 关于推动新型建筑工业化发展的思考 [J]. 住宅产业 ,2013(2):11–14.

[5] 万晓曦 . 技术创新增动能补齐短板促发展 [J]. 中国建设信息化 ,2019(20):26–29.

[6] 曾盛 . 某装配整体式剪力墙结构拆分及深化设计分析 : 以福建省某装配整体式剪力墙结构高层住宅为例 [J]. 福建建筑 ,2019(9):76–80.

[7] 撒书培 . 装配式建筑项目中工程总承包模式的应用研究 [J]. 建设监理 ,2017(12):36–38.

[8] 张守峰 . 设计施工一体化是装配式建筑发展的必然趋势 [J]. 施工技术 ,2016,45(16):1–5.

[9] 段凯元 , 张季超 . 预制装配式混凝土住宅设计施工一体化研究 [J]. 施工技术 , 2014,45(16):1–5.

[10] 苏蕴山 . 以设计一体化及 BIM 技术应用推动装配式建筑发展 [J]. 中国勘察设计 ,2017(9):39–40.

[11] 于龙飞 , 张家春 . 基于 BIM 的装配式建筑集成建造系统 [J]. 土木工程与管理学报 ,2015,32(4):73–78,89.

[12] 王巧雯 . 基于 BIM 技术的装配式建筑协同化设计研究 [J]. 建筑学报 ,2017(S1):18–21.

[13] 段羽 , 刘喆 . 装配式建筑建造全流程 BIM 协同应用研究 [J]. 中国标准化, 2018(18):59–60.

[14] 曹新颖 , 晏阳芷 , 暴颖慧 , 等 . 基于 BIM 的装配式建筑信息协同研究 [J]. 建筑经济 ,2019,40(9):85–89.

[15] 叶浩文 , 周冲 , 樊则森 , 等 . 装配式建筑一体化数字化建造的思考与应用 [J]. 工程管理学报 ,2017,31(5):85–89.

[16] 樊则森 , 李文 , 陈蓉子 , 等 . 装配式剪力墙住宅建筑设计的内容与方法 [J]. 住宅产业 ,2013(4):44–47.

[17] 潘时 . 太阳能与建筑集成设计及其仿真评价研究 [D]. 武汉 : 武汉理工大学 ,2012.

[18] 蒋勤俭 . 国内外装配式混凝土建筑发展综述 [J]. 建筑技术 ,2010,41(12):1074–1077.

[19] 周祥茵 , 朱茜 , 刘东卫 , 等 . 国家建筑标准设计助推住宅产业化发展 : 解读国标图集《装配式混凝土结构住宅建筑设计示例 (剪力墙结构)》[J]. 工程建设标准化 ,2017(6):63–68.

[20] 刘岭 . 合理布置管线 , 提高有效使用空间 [J]. 中华建设 ,2011(12):136–137.

[21] 陈虹材 . 探讨暖通空调工程施工中的几个重点问题 [J]. 中华民居 (下旬刊),2012(22):127–128.

[22] 陈鹏 , 恽燕春 , 丁泓 . 大型叠合楼板在装配式框架结构中的高效应用 [J]. 施工技术 ,2019,48(16):18–22,38.

[23] 吴玲 .BIM 平台一体化技术在施工项目中的应用 [J]. 四川建材 ,2019,45(6):127–129.

[24] 闵立 , 刘璐 . 浅谈贯穿装配式住宅全生命周期的 BIM 信息化管理 [J]. 住宅科

技 ,2014,34(6):53–56.

[25] 熊诚 .BIM 技术在 PC 住宅产业化中的应用 [J]. 住宅产业 ,2012(6):17–20.

[26] 张林 , 陈华 , 张双龙 , 等 .BIM 技术在 PC 建筑全生命周期中的应用 [J]. 建筑技术开发 ,2017,44(6):78–79.

[27] 张海鹏 , 严国正 , 吕真真 , 等 .BIM 技术与 PC 住宅产业化的技术融合研究 [J]. 云南水力发电 ,2017,33(6):21–24.

[28] 于振欢 , 韦永斌 . 基于物联网的预制构件信息管理系统设计与应用 [J]. 工程建设与设计 ,2017(15):222–224,227.

[29] 马啸雨 , 金杨硕 .BIM 技术驱动智慧建造 [J]. 中国建设信息化 ,2019(20):44–47.

[30] 李薇 , 芦志强 , 于水 .BIM 技术在高桩码头设计施工一体化建设中的应用 [J]. 中国水运 (下半月),2018,18(10):161–163.

[31] 陈海涛 , 陈国兵 , 朱志坚 . 变电站工程施工管理中的 BIM 应用与实践 : 以泰州文东高山 220kV 变电站为例 [J]. 土木建筑工程信息技术 ,2017,9(5):98–102.

[32] 上海城乡建设和管理委员会 . 上海市建筑信息模型技术应用指南 (2015 版)[J]. 上海建材 ,2015(5):5–12.

[33] 蒋博雅 . 我国住宅产业标准化体系现状和问题 [J]. 建筑与文化 ,2015(1):163–164.

[34] 郭戈 . 面向先进制造业的工业化住宅初探 [J] . 住宅科技 ,2009(11):7–13.

[35] 赵明桥 , 王小凡 . 一种工业化住宅建筑体系 [J] . 南方建筑 ,2001(2):18–20.

[36] 何清华 , 陈发标 . 建设项目全寿命周期集成化管理模式的研究 [J]. 重庆建筑大学学报 ,2001(4):75–80.

[37] 刘斌 . 集成管理模式的探讨 [J]. 中国石化 ,2006(12):27–28.

[38] 王华 , 尹贻林 , 吕文学 . 现代建设项目全寿命周期组织集成的实现问题 [J]. 工业工程 ,2005(2):10–43.

[39] 肖良丽 , 吴子昊 , 方婉蓉 , 等 . BIM 理念在建筑绿色节能中的研究和应用 [J]. 工程建设与设计 ,2013(3):104–107.

[40] 陈建国 , 周兴 . 基于 BIM 的建设工程多维集成管理的实现基础 [J]. 科技进步与对策 ,2008,25(10):155–158.

[41] 何清华 , 钱丽丽 , 段运峰 , 等 . BIM 在国内外应用的现状及障碍研究 [J]. 工程管理学报 ,2012,26(1):12–16.

[42] Fischer M. 从基于信息化建筑模型 (BIM) 的建设项目生命周期管理中获得效益 [J]. Autodesk 在中国 ,2005(1):12.

[43] 杨青 , 邱菀华 , 张静 . 精益项目研发过程中的非增值活动分析 [J]. 工业工程与管理 ,2007(1):94–98.

[44] 张健 , 陶丰烨 , 苏涛永 . 基于 BIM 技术的装配式建筑集成体系研究 [J]. 建筑科学, 2018, 34(1):97–102.

[45] 林佳瑞 , 张建平 . 我国 BIM 政策发展现状综述及其文本分析 [J]. 施工技术 , 2018,47(6):73–78.

[46] 宫文军 , 曹杨 , 巩俊松 . 基于 BIM 技术的装配式构件系统设计与优化 [J]. 安装 ,

2014(1):55-57.

[47] 王新祥,李建新.节能装饰一体化装配式外墙板发展现状与趋势[J].建设科技,2014(8):55-57.

[48] 樊则森,李新伟.装配式建筑设计的 BIM 方法 [J]. 建筑技艺,2014(6):68-76.

[49] 张德海,陈娜,韩进宇.基于 BIM 的模块化设计方法在装配式建筑中的应用[J].土木建筑工程信息技术,2014(6):81-85.

[50] 汪力,樊骅.PC 装配式墙体相关集成技术研究 [J]. 住宅科技,2015,35(3):18-21.

[51] 吴敦军,李宁,陈乐琦.装配式建筑集成技术的设计与应用[J].工程建设与设计,2015(S1):42-46.

[52] 樊骅,夏锋,丁泓.装配式住宅结构自动拆分与组装技术研究[J].住宅科技,2015,35(10):1-6.

[53] 袁维红.基于 BIM 的建筑集成化设计探讨 [J]. 建筑设计管理,2016,33(1):74-76.

[54] 臧利军.BIM 技术在装配式建筑应用浅析 [J]. 建材与装饰,2017(3):21-22.

[55] 胡玉梅,郑慧君.建筑集成化设计思路研究 [J]. 科技经济导刊,2017(1):88.

[56] 董凌.面向集成化建造流程的设计方法研究:浅析预制装配技术发展对本土建筑技术教育的影响 [J]. 城市建筑,2017(13):36-38.

[57] 叶浩文.装配式建筑“三个一体化”建造方式 [J]. 建筑,2017(8):21-23.

[58] 樊则森,岑岩.装配式建筑系统集成设计方法探析 [J]. 动感(生态城市与绿色建筑),2017(1):30-31.

[59] 王志成.美国装配式建筑产业发展趋势(下)[J]. 中国建筑金属结构,2017(9):24-31.

[60] 杨国华,刘春艳.设计企业 BIM 协同设计云平台建设案例研究 [J]. 土木建筑工程信息技术,2017,9(1):97-101.

[61] 姚远.BIM 协同设计的现状 [J]. 四川建材,2011(1):193-194.

[62] 陆扬,叶红华.插上虚拟化技术的翅膀让 BIM 飞[J].土木建筑工程信息技术,2015,7(2):65-66.

[63] 刘春艳,张玉国.基于云的 BIM 协同设计体系研究[J].土木建筑工程信息技术,2017,9(1):113-117.

[64] 李犁,邓雪原.基于 IFC 标准 BIM 数据库的构建与应用[J].四川建筑科学研究,2013,39(3):296-301.

[65] 任海月.商品住宅产业化指数体系研究 [D]. 徐州:中国矿业大学,2016.

[66] 张士兵.装配式集成房屋设计研究 [D]. 济南:山东建筑大学,2016.

[67] 叶红雨.构件工艺设计与建筑装配设计方法初探 [D]. 南京:东南大学,2019.

[68] 黄海阳.基于关键链的 T 公司数字化技术改造项目进度管理研究 [D]. 济南:山东大学,2017.

[69] 吴鹏.基于 BIM 的某项目钢框架施工目标管理研究 [D]. 青岛:青岛理工大学,2018.

[70] 赵捷.BIM 技术在住宅产业化中的应用 [D]. 邯郸:河北工程大学,2017.

[71] 王小艳.BIM 技术在工业化 PC 建筑中的应用研究 [D]. 广州:广东工业大学,2018.

[72] 卜美悦.江西城市轨道交通 BIM 交付标准研究 [D]. 南昌:南昌大学,2018.

[73] 张彭鹏 . 基于价值工程理论的建设项目施工成本控制研究 [D]. 锦州 : 辽宁工业大学 ,2019.

[74] 赵轲 . 基于 BIM 的全过程工程咨询集成管理研究 [D]. 天津 : 天津理工大学 ,2019.

[75] 龚文强 . 江西省 BIM 应用标准研究 [D]. 南昌 : 南昌大学 ,2019.

[76] 李杏 . 基于 BIM 技术的医院建筑运维管理研究 [D]. 北京 : 北京建筑大学 ,2019.

[77] 陈凯凯 . 电力工程项目 BIM 应用能力成熟度评价研究 [D]. 北京 : 华北电力大学 ,2019.

[78] 石峰 . 南通近代中西合璧建筑造型研究 [D]. 无锡 : 江南大学 ,2012.

[79] 贾凯丽 . EPA 工业以太网监控组态软件的研究与设计 [D]. 杭州 : 浙江大学 ,2011.

[80] 高颖 . 住宅产业化—住宅部品体系集成化及策略研究 [D]. 上海 : 同济大学 ,2006.

[81] 潘声平 . 基于精益思想的产品研发项目管理方式研究 [D]. 济南：山东大学，2012.

[82] 周全 . PC 结构住宅工业化模板体系研究 [D]. 上海 : 同济大学，2009.

[83] 王慧英 . 预制混凝土工业化住宅结构体系研究 [D]. 广州 : 广州大学，2007.

[84] 封浩 . 工业化住宅技术体系研究 : 基于"万科"装配式住宅设计 [D]. 上海 : 同济大学，2009.

[85] 李永奎 . 建设工程生命周期信息管理（BLM）的理论与实现方法研究 : 组织、过程、信息与系统集成 [D]. 上海 : 同济大学 ,2007.

[86] 伏玉 . BIM 技术在工业化生产方式的保障性住房建设中的应用和对策 [D]. 长春 : 长春工程学院 , 2015.

[87] 赵霞 . 建筑工业 4.0 视角下基于 BIM 的建筑集成设计方法研究 [D]. 北京 : 北京交通大学 , 2015.

[88] 王可佳 . 民用住宅安装工业化实现途径研究 [D]. 大连 : 大连理工大学 , 2015.

[89] 岳莹莹 . 基于 BIM 的装配式建筑信息共享途径和方法研究 [D]. 聊城 : 聊城大学，2017.

[90] 李淑珍 . BIM 技术在 PC 建筑中的应用 [D]. 长春 : 长春工程学院，2018.

[91] 姬丽苗 . 基于 BIM 技术的装配式混凝土结构设计研究 [D]. 沈阳 : 沈阳建筑大学 ,2014.

[92] 郑聪 . 基于 BIM 的建筑集成化设计研究中南大学 [D]. 长沙 : 中南大学 ,2012.

[93] 建设部工程质量安全监督与行业发展司，建设部政策研究中心 . 中国建筑业改革与发展研究报告 (2005)[M]. 北京 : 中国建筑工业出版社 ,2005.

[94] 李宝山 , 刘志伟 . 集成管理 : 高科技时代的管理创新 [M]. 北京 : 中国人民大学出版社，1998.

[95] 谢芝馨 . 工业化住宅系统工程 [M]. 北京 : 中国建材工业出版社 ,2003.

[96] 何关培 .BIM 总论 [M]. 北京 : 中国建筑工业出版社 ,2011.

[97] 王成恩 . 产品生命周期建模与管理 [M]. 北京 : 科学出版社 ,2006.

[98] 海峰 . 管理集成论 [M]. 北京 : 经济管理出版社 ,2003.

[99] 杰费瑞・莱克 . 丰田模式 : 精益制造的 14 项管理原则 [M]. 李芳玲 , 译 . 北京：机械工业出版社 ,2011.

[100] 蒋博雅 . 工业化住宅全生命周期管理模式 [M]. 南京 : 东南大学出版社 ,2017.

[101] 住房和城乡建设部科技与产业化发展中心 . 中国装配式建筑发展报告 (2017)[M]. 北京 : 中国建筑工业出版社 ,2017.

[102] 中国建筑标准设计研究所 . 装配式建筑系列标准应用实施指南 (装配式混凝土结构建

筑)[M]. 北京 : 中国计划出版社 ,2016.

[103] 住房和城乡建设部住宅产业化促进中心 . 装配整体式混凝土结构技术导则 [M]. 北京 : 中国建筑工业出版社 ,2015.

[104] Kieran S,Timberlake J. Refabricating architecture:how manufacturing methodologies are poised to transform building construction [M].Columbus:McGraw- Hill Professional, 2003 .

[105] Priest F,Doree A. A century of innovation in the Dutch construction industry [J]. Construction Management and Economics,2011,23(6):561–564 .

[106] Pavitt T C,Gibb A G F. Interface management within construction : in particular，building facade[J]. Journal of Construction Engineering and Management,2003,129(1):8–15.

[107] Anumba C J,Baugh C,Khalfan M M A. Organisational structure to support concurrent engineering in construction[J].Industrial Management & Data Systems，2002,102(5):260–270 .

[108] 江苏省住房和城乡建设厅 . 江苏省民用建筑信息模型设计应用标准 :DGJ32/TJ210—2016[S]. 南京 : 江苏凤凰科学技术出版社 ,2016.

[109] 中华人民共和国住房和城乡建设部 . 装配式混凝土结构技术规程 :JGJ1—2014[S]. 北京 : 中国建筑工业出版社 ,2014.

[110] 中华人民共和国住房和城乡建设部 . 装配式建筑评价标准 :GB/T 51129—2017[S]. 北京 : 中国建筑工业出版社 ,2017.

[111] 中华人民共和国住房和城乡建设部 . 装配式混凝土建筑技术标准 :GB/T 51231—2016[S]. 北京 : 中国建筑工业出版社 ,2016.

[112] 中华人民共和国住房和城乡建设部 . 装配式木结构建筑技术标准 :GB/T 51233—2016[S]. 北京 : 中国建筑工业出版社 ,2016.

[113] 中华人民共和国住房和城乡建设部 . 装配式钢结构建筑技术标准 :GB/T 51232—2016[S]. 北京 : 中国建筑工业出版社 ,2016.

[114] 中华人民共和国住房和城乡建设部 . 建筑信息模型应用统一标准 :GB/T 51212—2016[S]. 北京 : 中国建筑工业出版社 ,2016.

[115] 中华人民共和国住房和城乡建设部 . 建筑信息模型施工应用标准 :GB/T 51235—2017[S]. 北京 : 中国建筑工业出版社 ,2017.

[116] 中华人民共和国住房和城乡建设部 . 建筑信息模型分类和编码标准 :GB/T 51269—2017[S]. 北京 : 中国建筑工业出版社 ,2017.

[117] 中华人民共和国住房和城乡建设部 . 建筑信息模型存储标准(征求意见稿)[S]. 中华人民共和国住房和城乡建设部 ,2017.

[118] 中华人民共和国住房和城乡建设部 . 建筑信息模型设计交付标准 :GB/T 51301—2018[S]. 北京 : 中国建筑工业出版社 ,2017.

[119] 湖南省住房和城乡建设厅 . 湖南省建筑工程信息模型交付标准 :DBJ43/T 330—2017 [S]. 北京 : 中国建筑工业出版社 ,2017.

[120] 上海市住房和城乡建设管理委员会 . 上海市建筑信息模型技术应用指南 (2017 版) [S]. 上海市住房和城乡建设管理委员会 ,2017.